U0263740

普通高等教育机械类特色专业系列教材

数字化设计与制造

朱立达 辛 博 巩亚东 主 编

科学出版社

北 京

内 容 简 介

数字化设计与制造是以计算机建模与仿真为基础、以提高产品开发质量和效率为目标的相关技术的有机集成。本书基于作者从事数字化设计与制造领域的研究成果和技术项目经验，系统地介绍了数字化设计与制造相关技术的内涵与外延、研究现状与发展趋势，并对实际应用案例进行了详细的分析与说明。全书共分 7 章，包括绪论、数字化建模技术、数字化样机技术、数字化加工仿真技术、数字化装配技术、数字化控制技术和应用实例分析。

本书可供从事建模设计、加工制造、智能控制等领域的研究人员、相关企业的工程技术人员和决策者参考，也可作为高校及科研单位相关专业研究生的参考教材。

图书在版编目（CIP）数据

数字化设计与制造 / 朱立达，辛博，巩亚东主编. —北京：科学出版社，2019.12

普通高等教育机械类特色专业系列教材

ISBN 978-7-03-063717-8

Ⅰ. ①数… Ⅱ. ①朱… ②辛… ③巩… Ⅲ. ①数字技术－应用－机械设计－高等学校－教材 ②数字技术－应用－机械制造工艺－高等学校－教材 Ⅳ. ①TH122 ②TH164

中国版本图书馆 CIP 数据核字（2019）第 280778 号

责任编辑：朱晓颖 / 责任校对：郭瑞芝
责任印制：赵 博 / 封面设计：迷底书装

科 学 出 版 社 出版
北京东黄城根北街 16 号
邮政编码：100717
http://www.sciencep.com
北京天宇星印刷厂印刷
科学出版社发行 各地新华书店经销
*
2019 年 12 月第 一 版 开本：787×1092 1/16
2025 年 1 月第五次印刷 印张：11 1/4
字数：281 000
定价：59.00 元
（如有印装质量问题，我社负责调换）

前　　言

随着互联网、大数据、人工智能等技术的不断发展，制造型企业和新产品的研制面临着巨大的挑战，同时也迎来了新的机遇。数字化技术为各个领域专业技术的改造和革新提供崭新的手段。以数字化为核心的数字化设计与制造是计算机技术、信息技术、网络技术与制造科学相结合的产物，是经济、社会和科学技术发展的必然结果。它适应经济全球化、竞争国际化、用户需求个性化的需求，现已成为企业保持竞争优势、实现产品创新开发、进行企业间协作的重要手段。

数字化设计与制造技术是智能制造的基础，已在生产中得到广泛的应用，不仅大大提高产品设计的效率，更新传统的设计思想，降低产品的成本，增强企业及其产品在市场上的竞争力，还在企业新的设计和生产技术管理体制建设中起到很大作用。"中国制造 2025"发展战略将会进一步促进我国数字化设计与制造技术的发展。

从广义上讲，数字化设计与制造技术可分为设计与制造两个大的模块。其中，数字化设计的特征表现为设计的信息化、智能化、可视化、集成化和网络化，其主要研究内容包括产品功能数字化分析设计、产品方案数字化设计、产品性能数字化设计、产品结构数字化设计和产品工艺数字化设计，其方法是产品信息系统集成化设计。此外，数字化制造技术是在数字化技术和制造技术融合的背景下，在虚拟现实、计算机网络、快速原型、数据库和多媒体等支撑技术的支持下，根据用户的需求，迅速收集产品信息、工艺信息、资源信息，并对其进行分析、规划和重组，实现对产品设计和功能的仿真以及原型制造，进而迅速生产出满足性能要求的产品的整个制造过程。

党的二十大报告提出"坚持教育优先发展、科技自立自强、人才引领驱动，加快建设教育强国、科技强国、人才强国，坚持为党育人、为国育才，全面提高人才自主培养质量"，为了适应新一轮科技革命和产业变革机械类专业人才培养的需求，本书基于作者从事设计与制造的相关科研成果和项目经验，对数字化设计与制造的内容进行了详细的概括与总结。整体上，本书以数字化建模技术作为基础，并将其延伸至数字化样机技术、数字化加工仿真技术、数字化装配技术和数字化控制技术，分别对应了本书第 2～6 章内容。综合前几章的论述，本书第 7 章选取四个典型的实用案例进行了较为详细的说明。本书涉及的理论与技术仍在不断完善，当前可供从事建模设计、加工制造、智能控制等领域的研究人员、相关企业的工程技术人员和决策者参考，也可作为高校及科研单位相关专业研究生的参考教材。

在本书编写过程中得到相关领域研究学者和技术人员的支持与帮助，在此致以诚挚的谢意。同时，向参与资料整理和收集工作的研究生表示感谢。本书得到国家自然科学基金(项目编号 51975112)和东北大学"一流大学拔尖创新人才培养"项目资助。

限于编者水平，书中疏漏之处在所难免，诚恳希望广大师生和读者提出宝贵意见，以便后续进一步完善。

朱立达

2023 年 12 月于东北大学

目　　录

第1章　绪论···1

　1.1　数字化内涵与外延···1

　　　1.1.1　数字化技术简介··1

　　　1.1.2　产品开发的流程··2

　1.2　数字化现状及国内外发展趋势···4

　　　1.2.1　数字化技术的发展史··4

　　　1.2.2　数字化技术的发展现状···6

　　　1.2.3　数字化技术的发展趋势···6

　1.3　数字化设计与制造技术···8

　　　1.3.1　数字化设计与制造技术的基础···8

　　　1.3.2　数字化设计与制造技术的特点···9

　1.4　数字化设计与制造在机械产品中的应用···15

　　　1.4.1　3D 打印成型件的制备···15

　　　1.4.2　飞豹飞机的研制···15

　1.5　数字化设计与制造框架体系··16

第2章　数字化建模技术···18

　2.1　数字化几何建模基础···18

　　　2.1.1　数字化几何建模定义··18

　　　2.1.2　计算机的图形变换··18

　2.2　几何建模模式··21

　　　2.2.1　线框、表面、实体建模技术···22

　　　2.2.2　特征建模和参数化建模技术···23

　　　2.2.3　建模规则···26

　　　2.2.4　建模处理过程··27

　2.3　建模的数据处理···31

　　　2.3.1　工程数据的类型··31

　　　2.3.2　工程数据的数字化处理方法···32

　2.4　建模仿真步骤及有效方法···32

　2.5　数字化建模的关键技术··34

　2.6　主流数字化建模软件简介···35

第3章　数字化样机技术···39

　3.1　数字化样机的内涵与外延···39

　　　3.1.1　数字化样机的概念···39

　　　3.1.2　数字化样机的特点 ……………………………………………………40
　　　3.1.3　数字化样机的关键技术 ………………………………………………41
　　　3.1.4　数字化样机的应用 ………………………………………………………42
　3.2　数字化样机的运动学与动力学分析 ………………………………………43
　　　3.2.1　数字化仿真分析的内涵 …………………………………………………43
　　　3.2.2　数字化仿真分析的一般过程 ……………………………………………44
　　　3.2.3　数字化仿真分析技术 ……………………………………………………45
　　　3.2.4　基于数字化样机的机器人运动学和动力学仿真分析 …………………49
　3.3　数字化样机的有限元分析 …………………………………………………57
　　　3.3.1　有限元法分析的基本思想 ………………………………………………57
　　　3.3.2　有限元法分析的基本步骤 ………………………………………………57
　　　3.3.3　ANSYS 软件简介 …………………………………………………………59
　　　3.3.4　基于数字化样机的盾构机滚刀有限元分析 ……………………………60

第 4 章　数字化加工仿真技术 ………………………………………………………64
　4.1　数字化加工仿真概述 ………………………………………………………64
　4.2　数控加工几何仿真 …………………………………………………………65
　　　4.2.1　曲面加工的刀具轨迹可视化仿真 ………………………………………65
　　　4.2.2　叶片的多轴车铣加工模拟仿真 …………………………………………69
　4.3　数控加工物理仿真 …………………………………………………………72
　　　4.3.1　数控加工切屑形状仿真 …………………………………………………72
　　　4.3.2　数控加工过程力学仿真 …………………………………………………74
　　　4.3.3　数控加工振动与加工稳定性仿真 ………………………………………77
　　　4.3.4　数控加工工件表面形貌仿真 ……………………………………………81

第 5 章　数字化装配技术 ……………………………………………………………84
　5.1　数字化装配技术概述 ………………………………………………………84
　　　5.1.1　数字化装配的概念 ………………………………………………………84
　　　5.1.2　数字化装配的发展概况 …………………………………………………84
　　　5.1.3　数字化装配的特点 ………………………………………………………85
　　　5.1.4　数字化装配系统的需求 …………………………………………………86
　5.2　数字化装配的关键技术 ……………………………………………………87
　　　5.2.1　装配信息建模 ……………………………………………………………87
　　　5.2.2　装配序列规划 ……………………………………………………………90
　　　5.2.3　虚拟现实和增强现实 ……………………………………………………94
　5.3　总装生产线大部件物流分析实例解析 ……………………………………96

第 6 章　数字化控制技术 ……………………………………………………………103
　6.1　自动控制系统及其仿真概述 ………………………………………………103
　　　6.1.1　控制系统概述 ……………………………………………………………103
　　　6.1.2　控制系统仿真的概述 ……………………………………………………104

6.2　PID 控制算法概述 ·· 105

　　6.2.1　模拟 PID 控制算法 ·· 105

　　6.2.2　数字 PID 控制算法 ·· 108

　　6.2.3　数字 PID 的改进 ··· 109

6.3　ADAMS/View、MATLAB/Simulink 及其联合仿真 ······························· 110

　　6.3.1　ADAMS/View 中直接建立控制方案 ··· 111

　　6.3.2　利用 ADAMS/Control 进行联合仿真 ··· 113

　　6.3.3　实例分析 ·· 114

6.4　数字化加工过程控制 ·· 123

　　6.4.1　数字化铣削温度监测平台 ··· 123

　　6.4.2　数控铣颤振监测与控制 ·· 125

　　6.4.3　智能加工浅谈 ·· 129

第 7 章　应用实例分析 ·· 132

7.1　混联机床数字化样机及控制分析 ··· 132

　　7.1.1　混联机床机构特点 ·· 132

　　7.1.2　混联机床三维建模与参数化 ·· 133

　　7.1.3　混联机床运动学和动力学仿真 ··· 135

　　7.1.4　混联机床运动轨迹的控制分析 ··· 139

7.2　康复机器人数字化设计及控制分析 ·· 142

　　7.2.1　康复机器人的结构设计 ·· 143

　　7.2.2　康复机器人的运动学分析 ··· 145

　　7.2.3　康复机器人的控制设计及样机实验 ··· 148

7.3　叶轮数字化加工仿真分析与实验 ·· 153

　　7.3.1　案例分析思路 ·· 153

　　7.3.2　案例分析流程 ·· 153

　　7.3.3　案例分析结果 ·· 157

7.4　总装站位数字化装配分析实例 ··· 158

　　7.4.1　案例研究目标 ·· 158

　　7.4.2　案例分析思路 ·· 159

　　7.4.3　案例分析流程 ·· 160

　　7.4.4　案例分析结果 ·· 165

参考文献 ·· 168

第1章 绪 论

1.1 数字化内涵与外延

1.1.1 数字化技术简介

由于电子计算机的发明,且伴随着全球经济一体化的进程加快以及信息技术的迅速发展,人们的生产、生活都产生了重大变革。众所周知,0 和 1 是计算机进行数值计算和信息处理的基础。因此,人们通常将以 0 和 1 为特征的信息称为数字化信息。

数字信号是指自变量是离散的,因变量也是离散的信号。由于数字信号一般采用二进制,故元件具有的两个稳定状态都可用来表示二进制。由于数码技术传递加工和处理的是二进制信息,不易受外界干扰,因而数字信号的抗干扰能力强。此外,数字信号也便于长期存储信息,能够使大量可贵的信息资源方便地长时间保存,同时还具有保密性好和通用性强等特点。

所谓数字化(digitalization)就是将许多复杂多变的信息转变为可度量的数字或数据,再基于这些数字或数据建立适当的数字化模型,把它们转变为一系列的二进制代码,再引入计算机内部进行统一处理。值得注意的是,数字化的核心是离散化,其本质是将连续的物理现象、设计过程中出现的物理量、设计过程中的几何量、设计制造环境中的不确定现象、企业可获得的各种设计资源、设计师的个人知识以及经验进行离散化,从而能够采用数值计算的方法在计算机上进行处理。数字化的对象可以是工程计算中涉及的各类计算问题,如微分方程、偏微分方程、矩阵特征值等。此外,数字化还涉及如统计、数据挖掘、计算机算法、图形学、图像处理、生物计算等各个科学分支。

数字化技术就是通过运用 0 和 1 两位数字编码,采用计算机、光缆、通信卫星等设备来进行表达、传输和处理信息的技术。换句话说,数字化技术就是基于计算机硬件、软件、信息存储、通信协议、周边设备和互联网等技术手段,以信息科学为理论基础,包括信息离散化表述、扫描、处理、存储、传递、传感、执行、物化、支持、集成和联网等的科学技术集合。

数字化技术是信息技术的核心基础,如图 1-1 所示,它支持企业的产品开发全过程、支持企业产品的创新设计、支持产品相关数据管理、支持企业产品开发流程的控制和优化。它的基础是产品的建模,主体是产品的优化设计,工具是数控技术,核心是数据的管理。数字化技术作为一种通用信息工程技术,一方面具有分辨率高,表述精度高,可编程处理,处理迅速,信噪比高,便于存储、提取和集成、联网等特点;另一方面面对如此复杂多变的信息,若均用简单的 0 和 1 来表达,如在控制理论中的应用,也是相当复杂的。因此,数字化技术不仅为各个领域专业技术的改造和革新提供了崭新的手段,也对数字化技术的广泛推广提出了挑战。

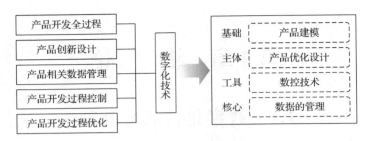

图 1-1　数字化技术内涵

1.1.2　产品开发的流程

　　数字化技术的产生，改变了产品的开发方式。随着以计算机、计算机图形学、软件工程等为代表的数字化技术和数字化设计软件及工具的快速发展，人类已经进入了一个崭新的数字化时代。从历史角度看，每一种新的设计工具的出现都可能会使设计产生重大的变化，而数字化设计工具对产品设计的影响则可能会超过以往任何其他革命性的设计工具，它提供的将不仅是一个便捷高效的设计工具，而且将会作为知识捕获、积累、处理、分享的载体，在一定程度上改变了创新模式，使创新想法更易涌现、过程更易实现、结果更易评价。从设计角度看，它改变了设计师的思维定式以及在产品设计中的交流方式，改变了产品的使用、维护、回收等过程中的信息反馈方式，改变了产品更新换代的速度和手段。从制造角度看，数字化提供了一个先进的制造实施和监控方式。从管理角度看，数字化改变了产品全生命周期的管理方式，改变了生产资源的管理方式，进而改变了整个制造企业的运营方式。

　　产品开发始于对用户和市场的需求分析。从市场需求到最终产品主要经历两个过程：设计过程（design process）和制造过程（manufacturing process）。基于传统的产品开发流程引入数字化技术后，形成了如图 1-2 所示的产品开发流程。

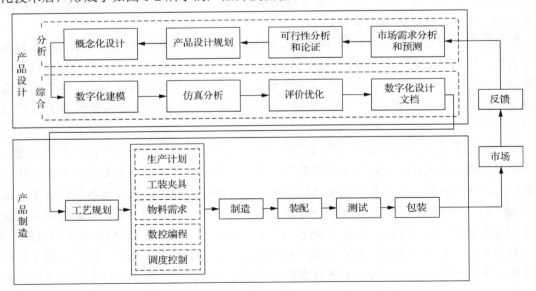

图 1-2　产品开发流程

由图 1-2 可知，产品设计包括分析和综合两个阶段。

分析阶段的结果是产品的概念化设计方案。概念化设计是设计人员对各种方案进行分析和评价的结果，它可以勾勒出产品的初步布局和结构草图，定义各功能部件之间的内在联系和约束关系。当设计者完成产品的构思时，就可以利用设计软件及相关建模工具将设计思想表达出来。分析阶段主要确定产品的工作原理、结构组成和基本配置，在很大程度上决定了产品的开发成本和全生命周期费用与产品的销售以及是否具有市场竞争力。

综合阶段是在分析阶段的基础上，完成产品的设计、评价和优化，形成完整的设计文档。其中，数字化建模是此阶段的基础和核心内容。下面简要介绍数字化建模的发展情况[1]。

工程设计中的几何建模方式经历了如图 1-3 所示的四个阶段：基于图样（drawing based）、基于特征（feature based）、基于过程（process based）和基于知识（knowledge based）。

基于图样 → 基于特征 → 基于过程 → 基于知识 → ……

图 1-3　数字化几何建模技术的发展阶段

基于图样阶段，数字化几何建模技术的含义仅仅是图板的替代品，人们借助计算机辅助设计（computer aided design, CAD）技术来摆脱烦琐、费时、精度低的传统手工绘图。二维建模系统改变了传统的工程图样的设计和管理手段，将工程设计图样都看成是"点、线、圆、弧、文本"等几何元素的集合，但并不记录图素所代表结构的物理意义。

基于特征阶段，在几何模型的基础上增加结构的精度、材料、装配和分析等特征，包含了一部分的设计信息，是三维建模系统面向制造过程集成的重要手段。特征的引入，使数字化几何建模系统摆脱了传统的基于几何拓扑的低层次交互设计方法，设计信息可以用工程特征术语来定义，提高了表达设计的层次。

基于过程阶段的建模系统可以为用户提供设计过程的综述、实现步骤的逻辑顺序、已完成的部分、未完成的部分和全部过程中的所有选项。它融合了特定工程设计的最佳实践经验、法定标准和实施准则，引导用户按步骤完成预定的某类产品设计工作。

基于知识阶段的建模/设计系统已经融入了设计的成分。在此类系统中，对于产品开发，知识是驱动力，系统通过记录不同典型的工程实例、设计和产品配置的知识，并对它们加以理解、抽象、描述、使用和维护，构建一个可以重用的知识库，生成相应的工程规则。即在知识驱动下的智能 CAD 系统中，通过修改 KBE（knowledge based engineering）系统中产品对象的性能参数，就可以驱动 CAD 系统中的几何实体做相应的改变。当采用基于知识阶段的建模/设计系统时，概念设计和详细设计已经难以清晰地划分了，这两个过程彼此融合、渗透、交错在一起，二者之间的界限已经比较模糊了。实际上，如今设计师以并行工程的方式协同工作时，设计和建模的过程可能是不同的人几乎同时展开的，设计进度中通过增加多个"小循环"为代价来及时发现和订正错误，以避免原本可能会严重影响进度的"大循环"。

产品的制造过程开始于产品文档的设计，然后根据零部件结构和性能要求，制定工艺规划和生产计划，设计、制造或采购工装夹具，接着根据物料需求计划完成原材料、毛坯或成品零件的采购，编制数控加工程序，完成相关零部件的制造和装配，最终对检验合格的产品进行包装。

1.2　数字化现状及国内外发展趋势

1.2.1　数字化技术的发展史

1946 年 2 月 15 日，世界上第一台通用电子数字计算机（ENIAC）在美国研制成功。电子数字计算机的诞生，极大地解放了生产力，并逐渐成为工程、结构和产品设计的重要辅助工具。其中，数字化设计技术起步于计算机图形学（computer graphics, CG），经历了计算机辅助设计阶段，最终形成涵盖产品设计大部分环节的数字化设计技术；数字化制造技术起步于数控机床和数控编程，随后逐步扩展到成组技术（group technology, GT）、计算机辅助工艺设计（computer aided process planning, CAPP）、柔性制造系统（flexible manufacturing system, FMS）、计算机集成制造系统（computer/contemporary integrated manufacturing system, CIMS）以及网络化制造等领域。然而，在数字化技术的早期阶段，数字化设计技术和数字化制造技术是相对独立发展的。经过几十年的发展，数字化设计与制造技术大致经历了如图 1-4 所示的五个发展阶段[2]。

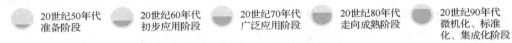

图 1-4　CAD/CAM 技术的发展阶段

1. 20 世纪 50 年代：准备阶段

计算机仍然处于电子管阶段，主要为第一代电子管计算机，编程语言是机器语言，计算机主要用于数值计算。若需要利用计算机进行产品开发，首先需要解决的就是计算机中的图形表示、显示、编辑及输出等问题。然而，那时即便有一些图形设备，也是只有简单的输出功能。总之，此阶段中主要解决计算机中的图形如何输入、显示和输出问题，处于构思交互式计算机图形学的准备阶段。然而，随着晶体管元件的研制成功，计算机也就促进了数字化技术进入新的发展阶段。

2. 20 世纪 60 年代：初步应用阶段

美国麻省理工学院首次提出了 CAD 的概念，从此 CAD 的概念开始为人们所接受[3]。由此，交互式计算机图形处理得到深入研究，相关软硬件系统也开始走出实验室而趋于实用。商品化软硬件的推出也促进了数字化设计技术的发展，人们开始超越计算机绘图的范畴，转而重视如何利用计算机进行产品设计。

此阶段数字化制造技术也取得了一定的进展。其中，最具代表的数控机床产品在一些发达国家也开始陆续开发、生产和使用。数控机床的控制系统也由之前采用电子管改为使用晶体管和印刷电路，甚至使用了计算机集成控制的自动化制造系统。此外，柔性制造系统（FMS）的出现也标志着制造技术开始进入柔性制造时代。

3. 20 世纪 70 年代：广泛应用阶段

存储器、光笔、光栅扫描显示器和图形输入板等 CAD/CAM 软硬件系统开始进入商品化阶段，出现了面向中小企业的"交钥匙系统"（turnkey system），其中包括图形输入/输出设备、相应的 CAD/CAM 软件等。该系统的性能价格较高,能提供基于线框造型(wireframe modeling)的建模及绘图工具,用户使用维护方便, 曲面模型(surface modeling)技术得到初步应用。同时, 与 CAD 相关的技术,如质量特征计算、有限元建模、NC 纸带生成及检验等技术得到了广泛的研究和应用。

以微处理器为核心的数控系统的出现、计算机集成制造(CIM)的首次提出和由多条柔性制造系统(FMS)构成的自动化生产车间等的出现,极大地促进了制造技术的发展。在此阶段,CAD/CAM 技术的功能模块已基本形成,但就技术及应用水平而言,各功能模块的数据结构尚不统一,集成性差。各种建模方法及理论得到了深入研究,CAD/CAM 的单元技术及功能得到了较广泛的应用,可谓是 CAD/CAM 技术研究的黄金时代。

4. 20 世纪 80 年代:走向成熟阶段

个人计算机和工作站的体积小、价格便宜、功能更加完善,极大地降低了 CAD/CAM 技术的硬件门槛,促进了 CAD/CAM 技术的迅速普及。而 CAD 也已超越了传统的计算机绘图范畴,有关复杂曲线、曲面描述的新的算法理论不断出现并迅速商品化。实体建模技术也趋于成熟, 提供统一的、确定性的几何形体描述方法,并成为 CAD/CAM 软件系统的核心功能模块。

在此阶段,CAD/CAM 技术的研究重点是超越三维几何设计,将各种单元技术进行集成,提供更完整的工程设计、分析和开发环境。其中,数控机床产品的性能和质量也大幅提高,特别是美国 3D Systems 公司开发出的世界上第一台快速成型制造设备,可以用产品的数字化模型驱动设备快速地完成零件和模具的成型制造,利用原材料从无到有逐层堆积的"堆积增材"原理制造零件,不仅是制造技术的又一次变革,更是 CAD/CAM 技术的延伸与发展。

5. 20 世纪 90 年代:微机化、标准化、集成化阶段

随着计算机软硬件及网络技术的发展,个人计算机+Windows 操作系统、工作站+UNIX 操作系统和以以太网为主的网络环境构成了主流平台,CAD/CAM 技术的系统的功能也随之进一步增强、接口趋于标准化。同时,计算机图形接口(computer graphics interface, CGI)、计算机图形元文件(computer graphics metafile, CGM)标准、计算机图形核心系统(Graphics Kernel System, GKS)等国际或行业标准得到了广泛应用,有力地促进了 CAD/CAM 技术的发展和普及。

此外,美国、日本等发达国家进一步研究了新一代全个人计算机开放式体系结构的数控平台,它具有开放式、智能化等特点,主要表现在:①数控机床结构按模块化、系列化原则进行设计与制造,以便缩短供货周期,最大限度地满足用户的工艺需求;②专门为数控机床配套的各种功能部件已完全商品化;③向用户开放,工业发达国家的数控机床厂纷纷建立完全开放式的产品售前、售后服务体系和开放式的零件实验室、自助式数控机床操作、维修培训中心;④采用信息网络技术,以便合理组合与调用各种制造资源;⑤人工智能化技术在数控技术中得到应用,从而使数控系统具有自动编程、反馈控制、自适应切削、工艺参数自生成、运动参数动态补偿等功能。

综合起来,随着计算机、信息和网络技术的进步,以 CAD 为基础的数字化设计技术、以 CAM 为基础的数字化制造技术开始为人们接受,CAD/CAM 技术开始在更广阔的领域、更深的层次上支持产品开发,逐步向柔性化、集成化、智能化、网络化方向发展,企业内部、企业之间、区域之间乃至国家之间实现了资源信息共享,异地、协同、虚拟设计和制造开始成为现实。

1.2.2　数字化技术的发展现状

数控机床的出现开辟了制造装备的新纪元。随着微型计算机的产生和发展,计算机数控的广泛应用,数控机床得到了广泛应用和提高。相继出现的数控三坐标测量机、工业机器人与数控机床一起成为重要的数字化加工、测量和操作的装备,其本质是用数字控制代替凸轮行程控制,实现运动数字化。从机械结构和控制方式来看,数控机床、坐标测量机和工业机器人有其共同特点:均可看作数控多坐标装备,运动副都是移动副和转动副,运动链以串联开环为主。同时,数字化技术通过 CAM 及其与 CAD 等集成技术与工具的研究,在产品加工方面逐渐得到解决。具体是制造状态与过程的数字化描述,非符号化制造知识的表述、制造信息的可靠获取与传递、制造信息的定量化,质量、分类与评价的确定以及生产过程的全面数字化控制等关键技术得到了解决,促使数字制造技术得以迅速发展。

改革开放以来,特别是互联网技术广泛运用后,在政府部门的领导和带动下,我国组织了多次专项计划,对设计与制造业进行信息化改造,大力推动了设计图样数字化、制造装备数字化、生产流程数字化、管理模式数字化和企业参数数字化等方面的发展。现阶段,数字化在我国设计与制造行业的运用,成果显著。近年来,广大企业改变了传统的制备工艺,结合互联网,取得了突飞猛进的发展。在此基础上,数字化技术运用于设计与制造行业的发展正在不断深入,如企业通过产品、工艺和生产资源的集成优化技术等。数字化运用于装备和维修,全面展现出了数字化在企业集成运用的效果,成为一种全新的生产模式。数字化能够用其自身具备的优势,满足新时代企业发展的市场需求。我国在数字化方面的投入,已经可以满足数字化设计与制造业的需求。并且,经过数字化的不断完善,在设计与制造管理方面,数字化技术也得到了广泛运用,生产管理效率得到了很大的提升。

近年来,信息化技术不断更新,全球经济正在稳步复苏,国际社会设计与制造行业的竞争力空前加大,在新的工业体系中,我国设计与制造业面临的局势很被动,但是,严峻的挑战同样代表着机遇的来临,我国数字化在设计与制造业中的地位日益明显,加快设计与制造业的数字化进程是大势所趋。对此,在新的国际竞争中,中国面临数字化核心的技术应用,显然取得了很大的成就,我国在设计与制造业的投入,也在不断地促进原有的工业类型转型。

1.2.3　数字化技术的发展趋势

进入 21 世纪后,计算机技术、信息技术、网络技术以及管理技术的快速发展,不仅给制造企业和新产品的研制带来了巨大挑战,也提供了新的机遇。总的来说,数字化技术主要是以提高对市场快速反应能力为目标,构成具有显著特色的企业装备等,其总趋势可概括为柔性化、虚拟化、网络化、智能化、敏捷化、集成化等。

下面具体从四个方面简要介绍产品数字化技术的发展趋势[4]。

（1）使用基于网络的 CAD/CAPP/CAE/CAM/PDM/PLM 集成技术实现全数字化设计、制造与管理。在 CAD/CAM 应用过程中，利用产品数据管理（PDM）技术实现并行工程，可以极大地提高产品开发的效率和质量。例如，波音 757、767 型飞机的设计制造周期为 9～10 年，在采用 CAX、PDM 等数字化技术后，波音 777 型飞机的设计制造周期缩短了一半左右，使企业获得了巨大的利润，也提高了其市场竞争力。随着相关技术的发展，越来越多的企业将通过 PDM/PLM 进行产品功能配置，利用系列件、标准件、借用件、外购件以减少重复设计。在 PDM/PLM 环境下进行产品设计和制造，通过 CAD/CAE/CAM 等模块的集成，实现了完全无图纸的设计和全数字化制造。

（2）CAD/CAPP/CAE/CAM/PDM 技术与企业资源规划、供应链管理和客户关系管理相结合，形成企业信息化的整体结构。CAD/CAPP/CAE/CAM/PDM 主要用于实现产品的设计、工艺和制造过程及其管理；企业资源计划（ERP）以实现企业产、供、销、人、财、物的管理为目标；供应链管理（SCM）用于实现企业内部与上游企业之间的物流管理；客户关系管理（CRM）则可以帮助企业建立、挖掘和改善与客户之间的关系。

上述技术的集成，可以由内而外地整合企业的管理，建立从企业的供应决策到企业内部技术、工艺、制造和管理部门，再到用户之间的信息集成，实现企业与外界的信息流、物流和资金流的顺畅传递，有效地提高企业的市场反应速度和产品开发速度，确保企业在竞争中取得优势。

（3）通过 Internet、Intranet 及 Extranet 将企业的业务流程连接起来，对产品开发的所有环节（如订单、采购、库存、计划、制造、质量控制、运输、销售、售后、成本、人力资源等）进行高效有序的管理。

（4）虚拟工厂、虚拟制造、动态企业联盟、敏捷制造、网络制造和制造全球化将成为数字化技术发展的关键。

传统的产品开发基本遵循设计→绘图→制造→装配→样机试验的串行工程（Sequential Engineering, SE）。由于结构设计、尺寸参数、材料、制造工艺等，样机通常难以一次性达到设计指标，产品研发过程中难免会出现反复修改设计、重新制造和重复试验的现象，导致新产品开发周期长、成本高、质量差、效率低。以数字化设计与制造技术为基础，可以为新产品的开发提供一个虚拟环境，借助产品的三维数字化模型，可以使设计者更逼真地看到正在设计的产品及其开发过程，认知产品的形状、尺寸和色彩基本特征，用以验证设计的正确性和可行性[5]。

20 世纪末以来，很多工业发达国家将"以信息技术改造传统产业，提升制造业的技术水平"作为发展国家经济的重大战略之一。日本的索尼公司与瑞典的爱立信公司、德国的西门子公司与荷兰的菲利浦公司等先后成立虚拟联盟，通过互换技术工艺，构建特殊的供应合作关系，或共同开发新技术或开发新产品等，以保持其在国际市场上的领先地位。

2015 年，我国提出《中国制造 2025》行动纲要，大力推动我国的制造业技术升级。坚持"创新驱动、质量为先、绿色发展、结构优化、人才为本"的基本方针，坚持"市场主导、政府引导，立足当前、着眼长远，整体推进、重点突破，自主发展、开发合作"的基本原则，通过"三步走"实现制造强国的战略目标：第一步，到 2025 年迈入制造强国行列；第二步，到 2035 年中国制造业整体达到世界制造强国阵营中等水平；第三步，到新中国成立一百年时，综合实力进入世界制造强国前列。其中，《中国制造 2025》主要包含十个领域：新一代信息技术产业、高档数控机床和机器人、航空航天装备、海洋工程装备及高技术船舶、先进轨道交通装备、节能与新能源汽车、电力装备、农机装备、新材料、生物医药及高性能医疗器械。

数字化设计与制造是计算机技术、信息技术、网络技术与制造科学相结合的产物，是经济、社会和科学技术发展的必然结果。它适应了经济全球化、竞争国际化、用户需求个性化的需求，将成为未来产品开发的基本技术手段。"中国制造 2025"发展战略将会极大地促进我国数字化技术的发展。

1.3　数字化设计与制造技术

1.3.1　数字化设计与制造技术的基础

数字化设计与制造技术是智能制造的基础。2017 年 11 月 15 日，中国工程院院士、清华大学教授柳百成在第三届中国制造高峰论坛上谈到数字化设计与制造时，指出智能制造涉及面很宽，包括智能产品，智能装备、智能制造的生产过程、智能制造的生产模式，但是这些方面需要有一个底层，就是智能制造的关键基础技术，即数字化设计与制造。数字化设计与制造技术集成了现代设计制造过程中的多项先进技术，包括三维建模、装配分析、优化设计、系统集成、产品信息管理、虚拟设计与制造、多媒体和网络通信等，是一项多学科的综合技术。

数字化设计是数字技术和设计的紧密结合，是以先进设计理论和方法为基础、以数字技术为工具，实现产品设计全过程中所有对象和活动的数字化表达、处理、存储、传递及控制。特征表现为设计的信息化、智能化、可视化、集成化和网络化，主要研究内容包括产品功能数字化分析设计、产品方案数字化设计、产品性能数字化设计、产品结构数字化设计和产品工艺数字化设计。数字化制造是制造业信息化发展的新阶段，也是目前制造业的重要发展方向，如智能化、网络化、精密化、极端化等。数字化制造是先进制造技术的核心技术，其基础内容就是基于计算机辅助的加工制造。其主要包含以下几部分内容。

1）CAD

CAD 在早期是 Computer Aided Drawing（计算机辅助绘图）的首字母缩写，随着计算机软硬件技术的发展，人们逐步地认识到单纯使用计算机绘图还不能称为计算机辅助设计。真正意义上的设计是整个产品的设计，包括产品的构思、功能设计、结构分析和加工制造等，二维工程图设计只是产品设计中的一小部分。因此，CAD 的定义由 Computer Aided Drawing 改为 Computer Aided Design。此后，CAD 将不再仅仅是辅助绘图，而是协助创建、修改、分析和优化的设计技术。

2）CAE

计算机辅助工程（computer aided engineering，CAE）通常指有限元分析和机构的运动学及动力学分析。有限元分析可完成力学分析（线性、非线性、静态、动态），场分析（热场、电场、磁场等），频率响应和结构优化等。机构分析能完成机构内零部件的位移、速度、加速度和力的计算，机构的运动模拟及机构参数的优化。

3）CAPP

CAPP 指借助计算机软硬件技术和支撑环境，利用计算机进行数值计算、逻辑判断和推理等的功能来制定零件机械加工工艺过程。通过 CAPP 系统可以解决手工工艺设计效率低、一致性差、质量不稳定、不易达到优化等问题，同时也是利用计算机技术辅助工艺完成零件从毛坯到成品的设计和制造过程。

4）CAM

计算机辅助制造（computer aided manufacturing，CAM）能根据 CAD 模型自动生成零件加工的数控代码，对加工过程进行动态模拟，同时完成在现实加工时的干涉和碰撞检查。CAM 系统和数字化装备结合可以实现无纸化生产，为 CIMS（计算机集成制造系统）的实现奠定基础。

5）CAD/CAM 集成系统

CAD/CAM 集成系统是指把 CAD、CAE、CAPP、CAM 和 PPC（生产计划与控制）等各种功能不同的软件有机地结合起来，用统一的执行控制程序来组织各种信息的提取、交换、共享和处理，保证系统内部信息流的畅通，协调各个系统有效运行[6]。国内外大量的经验表明，CAD 系统的效益往往不是从其本身，而是通过 CAM 和 PPC 系统体现出来的；反过来，假如没有 CAD 系统的支持，花巨资引进的 CAM 系统设备往往很难得到有效利用；假如没有 CAD 和 CAM 的支持，PPC 系统既得不到完整、及时和准确的数据作为计划的依据，订出的计划也较难贯彻执行，生产计划和控制将得不到实际效益。因此，人们着手将 CAD、CAE、CAPP、CAM 和 PPC 等系统有机地、统一地集成在一起，从而消除自动化孤岛，取得最佳的效益。

1.3.2　数字化设计与制造技术的特点

数字化设计与制造技术中各组成部分作为独立的系统，已在生产中得到了广泛的应用，不仅大大提高了产品设计的效率，更新了传统的设计思想，降低了产品的成本，增强了企业及其产品在市场上的竞争力，还在企业新的设计和生产技术管理体制建设中起到了很大的作用。数字化设计与制造技术已成为企业保持竞争优势、实现产品创新开发、进行企业间协作的重要手段。

综上所述，数字化设计与制造是以计算机软硬件为基础、以提高产品开发质量和效率为目标的相关技术的有机集成。与传统产品开发手段相比，它强调计算机的软硬件、数字化信息、网络技术以及智能算法在产品开发中的作用。综合目前国内外数字化设计与制造的研究状况，可分为以下几个特点[2]。

1. 先进的复杂系统总体设计技术能够实现复杂产品的快速研制

自 2014 年以来，国内外研究机构和先进企业针对多目标、多约束、多学科、跨地域等系统总体设计问题，在多企业并行协同设计、多学科优化、多目标优化、模块化设计、基于模型的设计技术等方面取得了多方面进展，对于大幅度降低复杂产品生命周期成本、提高产品研制生产效率和质量具有重要作用。例如，DARPA 利用"自适应车辆制造（AVM）"计划开发的数十种软件工具以及"造车"协同平台，广泛吸引其他创新机构共同参与两栖步兵战车（IFV）的研制，两个多月就完成了 IFV 动力传动子系统和行动子系统的设计与仿真验证，采用传统方法通常需要几年时间。这种具有颠覆性意义的数字化设计与制造技术的推广应用，将有效缩短复杂产品研制周期和降低成本，提升快速研制生产能力[7,8]。

2. 虚拟设计与仿真验证技术提升复杂产品研制效率和设计能力

近年来，虚拟设计与仿真验证技术越来越多地应用于复杂产品研制中，有助于在项目开发早期及时发现潜在的设计问题，优化产品性能，从而减少复杂产品的研制成本、风险和时间，提升复杂产品的研制效率和设计能力[9]。2014 年国外技术领先国家继续推动虚拟设计与仿真验证技术在武器装备研制中的发展和应用，如雷神公司利用增强现实技术加快导弹设计，BAE 系统全球作战系统利用沉浸式数字样机进行设计验证；美国陆军在积极研究和应用先进建模与仿真技术；高性能计算技术在复杂构件或系统仿真设计中彰显重要应用价值；多种数字化仿真与分析工具得到开发和应用，对提高武器装备研制水平产生重要影响；美国海军应用三维计算机模拟工具和虚拟技术降低了航母建造成本。

3. 数字化车间系统向智能化和柔性化方向发展

作为数字化与智能化制造的关键技术之一，数字化工厂是现代工业化与信息化融合的应用体现，也是实现智能化制造的必经之路。数字化工厂借助信息化和数字化技术，通过集成、仿真、分析和控制等手段，可为制造工厂的生产全过程提供全面管控的一种整体解决方案。早在 2000 年前后，很多制造企业均已开始着手建立自己的数字化工厂。2013 年以来，国际竞争的不断加剧和我国制造业劳动力成本的不断上升，对设备效率、制造成本、产品质量等环节的要求不断提高，离散制造业中以汽车、工程机械、航空航天、造船为代表的大型企业已越来越重视数字化工厂的建设，数字化工厂、MES、柔性制造等车间数字化技术受到国外高度重视。2014 年 9 月英国制造技术中心 (MTC) 启动首个数字化工厂验证实验室，旨在通过虚拟 3D 工厂演示验证产品大规模定制能力，展示如何在新工业革命中塑造英国制造业未来。该工厂被认为是工业 4.0 的演示验证器，预计验证优化后的数字化工厂可提高 30% 的生产效率。英国谢菲尔德大学先进制造研究中心 (Advanced Manufacturing Research Center，AMRC) 正在研究建造 2050 未来工厂。该工厂是世界上最先进的工厂，可提供最先进的机器人、柔性自动化、无人工作区和虚拟环境下离线编程技术。

4. 增材制造技术更加深入发展

增材制造技术已受到政府、研究机构、企业和媒体的广泛关注，欧美发达国家纷纷制定了发展和推动增材制造技术的国家战略与规划。2012 年 3 月，美国白宫宣布了振兴美国制造的新举措，将投资 10 亿美元帮助美国制造体系的改革。其中，白宫提出实现该项计划的三大背景技术包括了增材制造，强调了通过改善增材制造材料、装备及标准，实现创新设计的小批量、低成本数字化制造。2012 年 8 月，美国增材制造创新研究所成立，联合了宾夕法尼亚州西部、俄亥俄州东部和弗吉尼亚州西部的 14 所大学、40 余家企业、11 家非营利机构和专业协会。

英国政府自 2011 年开始持续增加对增材制造技术的研发经费。以前仅有拉夫堡大学一个增材制造研究中心，诺丁汉大学、谢菲尔德大学、埃克塞特大学和曼彻斯特大学等相继建立了增材制造研究中心。英国工程和物理科学研究委员会中设有增材制造研究中心，参与机构包括拉夫堡大学、伯明翰大学、英国国家物理实验室、波音公司以及德国 EOS 公司等 15 家知名大学、研究机构及企业。

除了英国和美国外，其他一些发达国家也积极采取措施，推动增材制造技术的发展。德国建立了直接制造研究中心，主要研究和推动增材制造技术在航空航天领域中结构轻量的应用；法国增材制造协会致力于增材制造技术标准的研究；在政府资助下，西班牙启动了一项发展增材制造的专项，研究内容包括增材制造共性技术、材料、技术交流及商业模式等四方面；澳大利亚政府于 2012 年 2 月宣布支持一项航空航天领域革命性的项目"微型发动机增材制造技术"，该项目使用增材制造技术制造航空航天领域微型发动机零部件；日本政府也很重视增材制造技术的发展，通过优惠政策和大量资金鼓励产学研用紧密结合，有力促进该技术在航空航天等领域的应用。

2014 年国外增材制造技术研究应用不断深入。一是太空 3D 打印引人关注。美国国家航空航天局（National Aeronautics and Space Administration，NASA）将零重力 3D 打印机安装在国际空间站上，并成功打印出首批 21 个热塑性树脂零件，开创了太空 3D 制造的新纪元。二是在 DARPA 的资助下成型尺度和成型材料范围进一步扩展，劳伦斯利弗莫尔国家实验室（LLNI）的研究人员打印出具有纳米尺度复杂结构的超材料，实现了材料微观组织的可控制造，未来有望用于空间飞行器零部件制造。NASA 喷气推进实验室采用 3D 打印技术开发出几种梯度合金，如由低密度钛合金过渡到难熔金属的梯度合金，表明成型材料范围逐步扩展至结构功能一体化材料。

5. 数控加工设备向复合化、智能化、开放式、网络化方向发展

高速、高精度、高可靠性加工技术可极大提高加工效率，提高产品质量，缩短制造周期。从国外高效数控技术领域发展动态来看，目前高效数控技术呈现速度、精度不断提高的发展趋势，而且加工装备向复合化方向发展[10]。主要体现在：山特维克·可乐满公司与瑞典 Novator 公司联合推出了新型环绕加工制孔工艺，可有效解决航空航天领域碳纤维增强塑料（CFRP）/钛合金和碳纤维增强塑料/铝合金板的制孔难题，提高了生产率且降低了制造成本；日本三井精机工业公司新型五轴卧式数控加工中心有效解决飞机的大型、难加工材料结构件的切削难题；新型复合材料加工中心提升机翼蒙皮切削精度；美国 Precihole 机床公司新型专用枪管复合制造单元提高产量等。

21 世纪的数控装备将是具有一定智能化的系统，智能化的内容包括在数控系统中的各个方面：为求加工效率和加工质量方面的智能化，如加工过程的自适应控制、工艺参数自动生成；为提高驱动性能及使用连接方便的智能化，如前馈控制、电机参数的自适应运算、自动识别负载、自动选定模型、自整定等；简化编程、简化操作方面的智能化，如智能化的自动编程、智能化的人机界面等；还有智能诊断、智能监控方面的内容、方便系统的诊断及维修等。数控系统开放化已经成为数控系统的未来之路，数控装备的网络化将极大地满足生产线、制造系统和制造企业对信息集成的需求，也是实现新的制造模式如敏捷制造、虚拟企业、全球制造的基础单元。

6. 自动化控制理论取得重大进展

随着自动控制技术的广泛应用和迅猛发展，许多新问题出现了，这些问题要求从理论上解决。控制理论是一门技术科学，它研究按被控对象和环境的特性，通过能动地采集和运用信息，施加控制作用而使系统在变化或不确定的条件下保持或达到预定的功能。目前国内外学术界普遍认为控制理论经历了三个发展阶段：经典控制理论、现代控制理论以及大系统理论和智能控制理论，这种阶段性的发展过程是由简单到复杂、由量变到质变的辩证发展过程。并且，这三个阶段不是相互排斥的，而是相互补充、相辅相成的，各有其应用领域，各自还在不同程度地继续发展着。

1) 经典控制理论阶段

自动控制的思想发源很早，但它发展成为一门独立的学科还是在 20 世纪 40 年代[11]。在控制理论形成之前，就有蒸汽机的飞轮调速器、鱼雷的航向控制系统、航海罗经的稳定器、放大电路的镇定器等自动化系统和装置出现，这些都是不自觉地应用了反馈控制概念而构成的自动控制器件和系统的成功例子。但是在控制理论尚未形成的漫长岁月中，由于缺乏正确理论的指导，控制系统出现了不稳定等问题，无法正常工作。

20 世纪 40 年代，很多科学家致力于这方面的研究，他们的工作为控制理论作为一门独立学科的诞生奠定了基础。1947 年自动控制原理的第一本教材《伺服机件原理》得以出版，1948 年，美国的 Wiener 发表了名著《控制论》，标志着经典控制理论的形成[12]。同年，美国 Evans 提出了根轨迹法，进一步充实了经典控制理论。1954 年，我国著名科学家钱学森的《工程控制论》一书出版，为控制理论的工程应用作出了卓越贡献。1980 年，钱学森和宋健修订了《工程控制论》。

20 世纪四五十年代，经典控制理论的发展与应用使全世界的科学技术水平得到了快速的提高。当时几乎在工业、农业、交通、国防等国民经济所有领域都热衷于采用自动控制技术。经典控制理论将单输入单输出的线性定常系统作为主要的研究对象，以传递函数作为系统的基本数学描述，以频率法和根轨迹法作为分析与综合系统的主要方法。基本内容是研究系统的稳定性，在给定输入下进行系统分析和在指定指标下进行系统综合，可以解决相当大范围的控制问题，但在其发展和应用过程中，逐步显现出它的局限性。

由于经典控制理论中控制系统的分析与设计是建立在某种近似的和试探的基础上的，控制对象一般是单输入单输出的线性定常系统；在面对多输入多输出系统、时变系统、非线性系统等时，显得力不从心。随着生产技术水平的不断提高，这种局限性越来越不适应现代控制工程所提出的新的更高要求。

2) 现代控制理论阶段

20 世纪 50 年代末 60 年代初，控制理论又进入了一个迅猛发展时期。这时由于导弹制导、数控技术、核能技术、空间技术发展的需要和电子计算机技术的成熟，控制理论发展到了一个新的阶段，产生了现代控制理论[13]。

1956 年，苏联的庞特里亚金发表《最优过程的数学理论》，提出极大值原理；1962 年，庞特里亚金的《最优过程的数学理论》正式出版。1956 年，美国的 Bellman 发表了《动态规划理论在控制过程中的应用》，1957 年，Bellman 的《动态规划》一书正式出版。1960 年，美籍匈牙利人 Kalman 发表了《控制系统的一般理论》等，引入状态空间法分析系统，提出可控性、可观测性、最佳调节器和卡尔曼滤波等概念[14]，从而奠定了现代控制理论的基础。

现代控制理论与生产过程的高度自动化相适应，具有明显的依靠计算机进行分析和综合的特点，此外，现代控制理论和经典控制理论在数学模型上、应用范围上、研究方法上都有很大不同。现代控制理论是建立在状态空间上的一种分析方法。所谓状态空间法，本质是一种时域方法，它不仅描述了系统的外部特性，而且揭示了系统的内部状态性能。现代控制理论分析和综合系统的目标是在揭示其内在规律的基础上，实现系统在某种意义上的最优化，同时使控制结构不再限于单纯的闭环形式。它的数学模型主要是状态方程，控制系统的分析与设计是精确的。控制对象可以是单输入单输出系统，也可以是多输入多输出系统；可以是线性定常控制系统，也可以是非线性时变系统；可以是连续控制系统，也可以是离散或者数字控制系统。因此,现代控制理论的应用范围更加广泛。现代控制理论和技术的研究以计算机为主要分析工具,计算机技术的发展极大地促进了现代控制理论的研究和广泛应用。由于现代控制理论的精确性,现代控制可以得到最优控制。但这些控制策略大多是建立在已知系统的基础上的。严格来说,大部分的控制系统是一个完全未知的系统,包括系统本身参数未知、系统状态未知两个方面。同时,被控对象还受到外界干扰、环境变化等因素的影响。

3)大系统理论和智能控制理论阶段

从 20 世纪 60 年代末开始,控制理论进入了一个多样化发展的时期。它不仅涉及系统辨识和建模、统计估计和滤波、最优控制、鲁棒控制、自适应控制、智能控制以及控制系统 CAD 等理论和方法;而且在与社会经济、环境生态、组织管理等决策活动,与生物医学中诊断和控制,与信号处理、软计算等邻近学科相交叉中又形成了许多新的研究分支。

例如,20 世纪 70 年代以来形成的大系统理论,主要是解决大型工程和社会经济系统中的信息处理、可靠性控制等综合优化的设计问题,这是控制理论向广度和深度发展的必然结果。

所谓大系统指规模庞大、结构复杂、变量众多的控制系统。它的研究对象、研究方法已超出了原有控制论的范畴,它还在运筹学、信息论、统计数学、管理科学等更广泛的范畴中与控制理论有机地结合。

智能控制是一种能更好地模仿人类智能的、非传统的控制方法。它突破了传统的被控对象有明确的数学描述和控制目标可以数量化的限制。它采用的理论方法主要来自自动控制理论、人工智能、模糊集、神经网络和运筹学等学科分支。内容包括最优控制、自适应控制、鲁棒控制、神经网络控制、模糊控制、仿人控制等,其被控对象可以是已知系统也可以是未知系统,大多数的控制策略不仅能抑制外界干扰、环境变化、参数变化的影响,且能有效地消除模型化误差的影响。

大系统理论和智能控制理论,尽管目前处在不断发展和完善过程中,但已受到广泛的重视和关注,并开始得到一些应用。

7. 精密成型技术和创新型工艺取得重大突破

精密成型技术对于缩短产品研制周期、降低成本、实现减重、提高产品灵活性和可靠性具有重要意义。2014 年,整体锻造、电厂辅助烧结等精密成型技术在大型结构件一次整体成型取得重大突破。美铝公司宣布与美国陆军研究实验室联合制造出最大的锻造铝合金战车车体;并通过减重提高战车燃油效率、降低装配复杂性、缩短装配时间等进而降低战车的全生命周期成本;实际抗弹性能测试成功后将有望用于大型战车,显著提升战车车体的强度和耐久性。电厂辅助烧结新工艺呈现巨大的军工应用价值,可实现完全致密耐高温零件的整体成型,且高效节能。此外,创新型精密成型工艺不断研发、改进,如热冲压工艺用于大厚装甲板制造,金属注塑成型工艺用于金属零件制造等。国内精密成型技术的研究重点在于自主创新,突破关键技术,如产品信息建模技术、工艺模拟及优化技术、模具设计智能生成技术等,从而实现精密成型技术综合集成,提高工艺设计水平,进一步实现数字化设计与制造一体化,缩短产品开发周期,降低制造成本。

8. 先进焊接装备和技术向大型化、智能化、复合化方向发展

焊接技术作为复杂产品制造中应用最广泛、最重要的材料永久连接方法,直接影响着产品的性能。先进焊接工艺及装备向大型化、智能化、复合化方向发展,例如,美国 NASA 建成世界最大的运载火箭搅拌摩擦焊接装备"垂直集成中心"（VAC），高 51.8m、宽 23.8m，并集成了焊缝质量无损检测功能，可以完成航天发射系统中直径 8.46m、高约 60m 的第一级火箭结构的焊接装配；瑞典西部大学联合工业界研究改进了机器人搅拌摩擦焊工艺，并开发出一种兼具温度传感器功能的搅拌头；日本山崎马扎克公司与欧洲空客公司联合开发出可实施搅拌摩擦焊 LFSW 的加工中心 VTC FSW 系列，实现了铣削用刀具与 FSW 用搅拌头的自动更换，能够自动完成从工件切削到 FSW 焊接的整个过程；美国海军利用机器人焊接"弗吉尼亚"级核潜艇主要装配件，通用动力电船公司打造"智能焊工"，能很好的降低成本，增加效益。尤其是垂直集成中心（VAC）用于大型结构件的制造既是极端制造和绿色制造的典范，也是焊接技术和大型焊接装备的重要突破。

9. 环保和多功能涂层技术将成为国防表面工程技术领域发展的关键

表面工程技术的大量任务是使零件、构建的表面延缓腐蚀减少磨损、隔热、延长寿命、提高性能等。2014 年围绕航空发动机隔热，舰船防腐、耐磨、防滑，飞机受损件和防冰等绿色、多种功能涂层技术研究应用的深入，具有自修复功能的智能涂层显著提升了武器装备的防护性能。2014 年 3 月美国海军研究局与约翰·霍普金斯大学合作，针对地面车辆在海上运输及存储过程中的腐蚀问题，开发出一种 Polyfibroblast 粉末自修复涂层技术，可在腐蚀达到金属层之前实现涂层自愈；6 月，美国 ManoSonic 公司将其开发的 HybridSil 自修复防腐涂层技术应用于舰船及海上飞机的防腐蚀。这些自修复涂层技术实现了武器装备在复杂恶劣环境中的自修复，可保障武器装备性能、延长装备使用寿命、显著降低维护成本。

10. 自动化智能化等装配技术取得重大突破

装配技术的发展对产品可靠性和寿命有重要的影响，其自动化程度直接影响产品的性能、质量和生产周期[15]。近年来，产品的装配普遍采用了自动化装配技术，柔性装配的快速发展则将自动化装配技术推向了一个新的高度。2014 年国外大力发展机器人自动化装配技术，飞机复杂结构装配机器人取得新突破。2014 年 7 月，美国波音公司宣布，用于机身自动化装配的"机身自动站立装配"系统通过技术验证，进入最后测试和生产准备阶段，并于 2015 年用于波音 777 机身装配中。欧洲空客公司 A380 方向舵装配线上首次采用日本川田工业株式会社生产的双臂仿人机器人，实现了人机协同装配。德国弗劳霍夫研究所研发了一种能够进入机翼的狭窄区域作业的蛇形臂机器人。机器人在飞机超大型结构装配、复杂空间装配方面应用所取得的显著突破，有效解决了装配过程中的刚度、精度和负载等问题，大幅提高了飞机自动化装配水平。这一系列进展表明，飞机复杂结构装配进入智能时代。

11. 可持续发展理念继续推进绿色安全生产技术发展

绿色、安全、节能、减排、降污和降噪等是制造行业实现可持续发展的必由之路，也是提升制造企业核心能力的重要内容之一，这一点已经在世界范围内得到越来越多的认同。2014 年，美国任务准备可持续性计划（MRSI）组织发布了《先进的生命周期评价：基于国防部的价值主张》白皮书，这将逐步推动可持续制造创新及技术等发展，有助于减少环境污染，降低资源浪费，保障生产安全等；欧盟推动环境友好型航空航天防腐涂层的工业化；美国波音航空公司和欧州空客公司开展碳纤维回收技术研究；NASA 加速环境可信赖航空项目；美国波音航空公司推出下一步环保验证计划路线图；英国 BAE 系统公司研发舰内导航系统，保障人员转场效率和安全。这些进展表明，围绕可持续发展、可持续制造等开展绿色安全生产技术的研究和应用，将是制造业企业发展的永恒目标。

1.4　数字化设计与制造在机械产品中的应用

1.4.1　3D 打印成型件的制备

增材制造（Additive Manufacturing，AM）俗称 3D 打印，融合了计算机辅助设计、材料加工与成型技术，以数字模型文件为基础，通过软件与数控系统将专用的金属材料、非金属材料以及医用生物材料，按照挤压、烧结、熔融、光固化、喷射等方式逐层堆积，制造出实体物品的制造技术。3D 打印技术可以在一台设备上快速精密地制造出任意复杂形状的零件，解决了许多复杂结构零件的难成型问题，并且大大减少了加工工序，缩短了加工周期[16]。目前已广泛应用于汽车、航空航天、武器装备、医疗、教育等领域。图 1-5 展示的是航空发动机的叶轮，也是钴铬合金材料的 3D 打印成型件。

图 1-5　3D 打印钴铬合金航空发动机叶轮

3D 打印的核心原理就是分层制造，逐层叠加，主要包含三个方面的要素：一是数字模型文件；二是模型分层软件和数控成型系统；三是材料逐层堆积的方式，如激光束、热熔喷嘴等方式。综合以上三个要素，接下来介绍进行 3D 打印成型件制备的主要流程及注意要点。

在进行 3D 打印成型件的制备时，首先要进行需求分析，明确目标。然后根据需求进行建模，主要包含两种建模方式：一是通过三维建模软件进行建模，此种方式成本低，但耗时长，常用的建模软件有 UG、SolidWorks、CATIA、Pro/E 等；二是通过扫描仪扫描得到的数据进而转为 3D 模型，但此种方式成本高。此外，为了避免不必要的材料和能源的浪费，需要对模型进行结构仿真分析，常见的有 ANSYS 分析软件。在进行成型之前需要通过切片分层软件将模型进行切片转为某种需要的文件格式，如 STL、gcode 格式等。常见的切片分层软件有 Cura、Kisslicer、Printrun 等。随后，我们仅需要将切片之后的文件导入 3D 打印机中便可进行打印。值得注意的是，虽然 3D 打印技术能够打印各种复杂结构的零部件，但成型件的表面质量和力学性能并不能完全满足需求，这就需要应用增减材复合加工技术，此处不再赘述。

1.4.2　飞豹飞机的研制

图 1-6 所示为我国采用数字化技术自主研制的飞豹飞机。飞豹飞机由中航工业第一飞机设计研究院和中航工业西安工业（集团）有限责任公司研制,研制时间从 1999 年底开始到 2002

年 7 月，仅用了两年半时间，在研制中全面应用了数字化设计、制造和管理技术，减少设计返工 40%，制造过程中工程更改单由常规的 5000~6000 张减少到 1081 张，工装准备用期与设计基本同步。

图 1-6　中国采用数字化技术研制的飞豹飞机

在设计方面，飞豹飞机在研制中实现了飞机整机和部件、零件的全三维设计，突破了数字样机的管理应用技术，建立了相应的数字化样机模型，在此基础上实现了部件和整机的虚拟装配，运动机构仿真装配干涉的检查分析、空间分析、拆装模拟分析、人机工程、管路设计、气动分析、强度分析等，显著地加快了设计进度，提高了飞机设计的质量，大幅度提高了飞机的可制造性。

在制造方面，飞豹飞机研制采用了 CAPP/CAM 技术，初步实现了飞机的数字化制造。利用 CAPP 进行制造工艺指令的设计和制造知识库的集成应用，采用 CATIA 和 UG 等系统进行数控编程，采用 Vericut 软件进行数控程序仿真，检查程序的正确性，减少了试切环节，提高了数控机床的利用率，数控程序的一次成功率提高到了 95%。

在产品数据管理方面，通过应用 PDM 系统，初步实现了对飞机产品结构、设计审签、数据发放、设计文档的管理与控制，并实现了从设计所向制造厂通过网络进行三维模型和二维工程图样的数据发放。

此外，在飞豹飞机研制实践中还初步建立了数字化技术体系，包括三维数据技术体系、数字化标准体系、三维标准件库、材料库，以及实施数字化设计的部分标准规范，开发了结构、机械系统、管路、电气等方面的标准件库。

1.5　数字化设计与制造框架体系

本书联系了建模、仿真与实验验证。如图 1-7 所示，三者间以建模为基础、仿真为手段、实验为依据，以此思路展开对数字化设计与制造的讨论。从数字化样机、数字化加工仿真、数字化控制和装配技术方面进行了总结论述，整体的框架体系如图 1-8 所示。

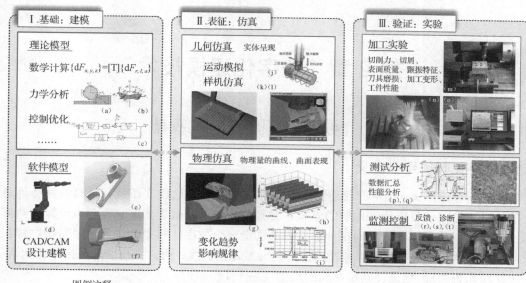

图例注释:
(a) 顺铣加工刀具与工件的相对受力情况
(b) 刀具切削微元受力情况
(c) 双环调速控制系统模型
(d) 机械手臂三维模型的建立
(e) 零件的CAD三维设计与建模
(f) 基于UG的叶片建模与刀具轨迹的生成
(g) 物理仿真切屑形成的过程
(h) 车铣加工表面形貌仿真
(i) 车铣加工工件频响函数仿真曲线
(j) 正交车铣加工动态仿真
(k) 几何仿真得到的铣削过程刀具轨迹
(l) 基于Vericut的叶片多轴铣削模拟加工
(m) 铣削力系数测定实验
(n) 钛合金叶轮的五轴加工实验
(o) 激光显微镜的工件表面质量检测实验
(p) 薄壁件模态参数测试实验的结果分析
(q) 铣削加工钛合金的工件表面金相组织观察
(r) 切削温度无线监测实验
(s) 腰康复机器人实验样机
(t) 五轴加工控制系统交互界面

图 1-7 数字化设计与制造中建模、仿真和实验间的内在联系

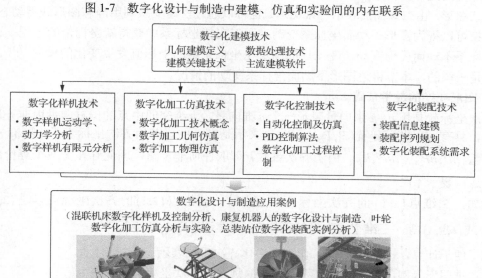

图 1-8 数字化设计与制造的框架体系

第2章 数字化建模技术

2.1 数字化几何建模基础

2.1.1 数字化几何建模定义

几何建模(modeling)也称产品造型，是形体的描述和表达建立在几何信息与拓扑信息基础上的建模，是以计算机能够理解的方式，对几何实体进行确切的定义，再以一定的数据结构形式对其加以数学描述，从而在计算机内部构造一个数字化模型。几何信息是指物体在欧氏空间中的形状、位置和大小，最基本的几何元素是点、线、面。拓扑信息是指拓扑元素(顶点、边棱线和表面)的数量及其相互间的连接关系[17]。

几何建模是数字化产品开发技术的重要组成部分，同时也是其他应用的基础。数字化几何建模技术是基于计算机图形学、数据结构、计算机网络等发展起来的一门应用技术，是指将现实世界中的物体(几何实体)转化为计算机内部可数字化表示、分析、控制和输出的几何形体的方法，广泛应用于机械、电子、汽车、航空等社会各个领域。

2.1.2 计算机的图形变换

图形变换是计算机绘图和产品数字化设计的基础之一。通过图形变换，可以由简单图形生成复杂图形，由二维图形表示三维图形，也可以通过快速变换利用静态图形获得动态效果。图形变换可以视为图形不动而坐标系变动，图形在新坐标系中获得新坐标值的过程；也可以视为坐标系不动而图形变动，变动后的图形在坐标系中的坐标值发生变化的过程[17,18]。两者的本质是一样的，本节讲述图形不动而坐标系变动的情况。

1. 图形变换的数学基础

齐次坐标就是用 $n+1$ 维向量表示一个 n 维向量。n 维空间中点的位置向量用非齐次坐标表示时，具有 n 个坐标分量 $(P_1, P_2, \cdots, P_n)$，表示是唯一的。若用齐次坐标表示，则有 $n+1$ 个坐标分量 $(hP_1, hP_2, \cdots, hP_n, h)$。由于齐次参数 h 可取任何非零值，因此存在无数个等价的齐次坐标表达，表示不唯一。

例如，二维点 (x, y) 的齐次坐标为 (h_x, h_y, h)，二维点 $(2,3)$ 的齐次坐标可以是 $(2,3,1)$ 或 $(4,6,2)$ 或 $(6,9,3)$ 等；三维空间中坐标点的齐次坐标为 (h_x, h_y, h_z, h)。

为了便于计算，一般取 $h=1$，作为规格化齐次坐标表示。

以二维图形为例，二维点、直线和平面的规格化齐次坐标形式分别为

二维点：$P = \begin{pmatrix} x & y & 1 \end{pmatrix}$

二维直线：$L = \begin{pmatrix} x_1 & y_1 & 1 \\ x_2 & y_2 & 1 \end{pmatrix}$

二维平面：$M = \begin{pmatrix} x_1 & y_1 & 1 \\ x_2 & y_2 & 1 \\ x_3 & y_3 & 1 \end{pmatrix}$

2. 二维图形的几何变换

二维几何变换是图形变换最简单的形式，也是构成复杂几何变换的基础。常见的二维几何变换包括平移、旋转和缩放等[19]，如图 2-1 所示。

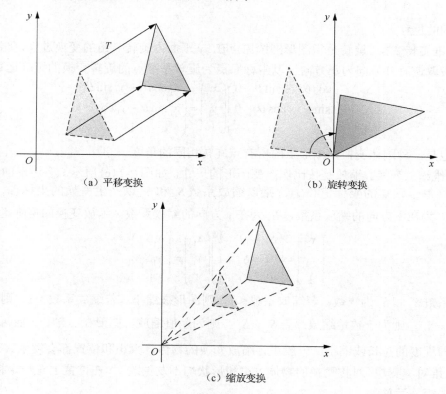

（a）平移变换　　　　　　　（b）旋转变换

（c）缩放变换

图 2-1　常见的二维图形几何变换

二维几何变换矩阵为

$$T = \begin{pmatrix} a & b & c \\ d & e & f \\ g & h & i \end{pmatrix} \tag{2.1}$$

根据变换功能，可以将矩阵 T 分为四个子矩阵，即 $\begin{pmatrix} a & b \\ d & e \end{pmatrix}$，$\begin{pmatrix} c \\ f \end{pmatrix}$，$(g\ \ h)$，$(i)$，其中 $\begin{pmatrix} a & b \\ d & e \end{pmatrix}$ 为图形缩放、旋转、对称、错切等变换相关的矩阵；$\begin{pmatrix} c \\ f \end{pmatrix}$ 为图形平移变换相关的矩阵；$(g\ \ h)$ 为图形做投影变换相关的矩阵；(i) 是对整体图形进行伸缩变换。

（1）二维平移变换。平移是指将物体从一个坐标位置移动到另一个坐标位置的变换过程，如图 2-1(a) 所示。设图形上任意一点从原始位置 $P_1(x_1, y_1)$ 沿矢量 $T(t_x, t_y)$ 平移到新位置

$P_2(x_2, y_2)$ 的变换，用矢量表示为：$P_2 = P_1 + T$。平移变换的矩阵运算为

$$\begin{pmatrix} x_2 \\ y_2 \\ 1 \end{pmatrix} = \begin{pmatrix} 1 & 0 & t_x \\ 0 & 1 & t_y \\ 0 & 0 & 1 \end{pmatrix} \begin{pmatrix} x_1 \\ y_1 \\ 1 \end{pmatrix} = \begin{pmatrix} x_1 + t_x \\ y_1 + t_y \\ 1 \end{pmatrix} \tag{2.2}$$

其中，$T_m = \begin{pmatrix} 1 & 0 & t_x \\ 0 & 1 & t_y \\ 0 & 0 & 1 \end{pmatrix}$ 为平移变换矩阵。平移是一种不产生变形的刚体变换，物体上的每个

点移动相同的位移。

（2）二维旋转变换。旋转是指图形围绕原点在 xy 平面内旋转 θ 角的变换过程，如图 2-1（b）所示。一般取逆时针方向为正方向。以坐标原点为旋转基准点的旋转变换的矩阵运算为

$$\begin{pmatrix} x_2 \\ y_2 \\ 1 \end{pmatrix} = \begin{pmatrix} \cos\theta & -\sin\theta & 0 \\ \sin\theta & \cos\theta & 0 \\ 0 & 0 & 1 \end{pmatrix} \begin{pmatrix} x_1 \\ y_1 \\ 1 \end{pmatrix} = \begin{pmatrix} x_1\cos\theta - y_1\sin\theta \\ x_1\sin\theta + y_1\cos\theta \\ 1 \end{pmatrix} \tag{2.3}$$

旋转也是一种刚体变换，图形上的所有点旋转相同的角度。

（3）二维缩放变换。缩放是按比例改变图形的尺寸，如图 2-1（c）所示。多边形的缩放变换可以通过将每个顶点的坐标值 (x_1, y_1) 乘以缩放系数 S_x 和 S_y 以产生变换的坐标 (x_2, y_2) 来实现，其中 S_x 为在 x 方向的缩放系数，S_y 为在 y 方向的缩放系数。缩放变换的矩阵运算为

$$\begin{pmatrix} x_2 \\ y_2 \\ 1 \end{pmatrix} = \begin{pmatrix} S_x & 0 & 1 \\ 0 & S_y & 1 \\ 0 & 0 & 1 \end{pmatrix} \begin{pmatrix} x_1 \\ y_1 \\ 1 \end{pmatrix} = \begin{pmatrix} x_1 S_x \\ y_1 S_y \\ 1 \end{pmatrix} \tag{2.4}$$

缩放系数 S_x 和 S_y 为正数。若缩放系数<1，则图形被缩小；若缩放系数>1，则图形被放大；若 $S_x = S_y$，则为一致性缩放；若 $S_x \neq S_y$，则为差值缩放，图形在 x 轴、y 轴两个方向上都会有不同程度的拉长或缩小。一般进行缩放变换的物体，大小和位置都会发生改变。

（4）二维对称变换。对称变换的物体大小和形状均不发生改变，在位置上有一定特殊关系。对称变换的矩阵运算为

$$\begin{pmatrix} x_2 \\ y_2 \\ 1 \end{pmatrix} = \begin{pmatrix} a & b & 0 \\ d & e & 0 \\ 0 & 0 & 1 \end{pmatrix} \begin{pmatrix} x_1 \\ y_1 \\ 1 \end{pmatrix} = \begin{pmatrix} ax_1 + by_1 \\ dx_1 + ey_1 \\ 1 \end{pmatrix} \tag{2.5}$$

当变换因子取不同值时，可形成不同的对称形式。二维对称变换的主要形式如下。

① 当 $a=1, b=d=0, e=-1$ 时，$x_2 = x_1, y_2 = -y_1$，变换后的图形与原图形关于 x 轴对称，如图 2-2（a）所示。

② 当 $a=-1, b=d=0, e=1$ 时，$x_2 = -x_1, y_2 = y_1$，变换后的图形与原图形关于 y 轴对称，如图 2-2（b）所示。

③ 当 $a=-1, b=d=0, e=-1$ 时，$x_2 = -x_1, y_2 = -y_1$，变换后的图形与原图形关于原点成中心对称，如图 2-2（c）所示。

④ 当 $a=0, b=d=1, e=0$ 时，$x_2 = y_1, y_2 = x_1$，变换后的图形与原图形关于直线 $y=x$ 成轴对称，如图 2-2（d）所示。

⑤ 当 $a=0, b=d=-1, e=0$ 时，$x_2=-y_1, y_2=-x_1$，变换后的图形与原图形关于直线 $y=-x$ 成轴对称，如图 2-2(e) 所示。

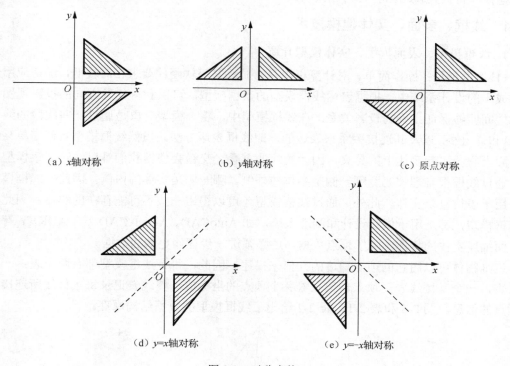

(a) x轴对称　　　　　　　　　　(b) y轴对称　　　　　　　　　　(c) 原点对称

(d) y=x轴对称　　　　　　　　　　　　(e) y=-x轴对称

图 2-2　对称变换

在基本几何变换中，旋转和缩放功能都是相对于坐标原点进行的变换，而相对于其他参考点的旋转和缩放，则需要一组顺序的变换操作。在实际应用中，一个图形可能要经过多次基本变换(如平移、旋转和缩放)，才能满足建模要求。复合变换是指对图形进行多次的基本几何变换的组合。利用齐次坐标矩阵，可以将任意顺序的变换矩阵依次相乘，形成变换矩阵的乘积，再与原始坐标相乘，从而获得变换的最终坐标值。

2.2　几何建模模式

几何建模技术产生于 20 世纪 60 年代。当时，人们主要采用线框结构构造三维形体，称为线框模型，它仅包含物体的顶点和棱边的信息。20 世纪 70 年代出现了表面模型，它在线框模型的基础上增加了面的信息，使构造的形体能够进行消隐、生成剖面和着色处理。表面模型后来发展成为曲面模型。20 世纪 70 年代末，实体建模技术逐渐成熟并实用化。实体建模通过简单体素的几何变换和交、并、差集合运算生成各种复杂形体的建模技术。实体模型能够包含比较完整的形体几何信息和拓扑信息，已成为目前 CAD/CAM 建模的主流技术。CAD/CAM 集成化系统普遍采用实体模型作为产品造型系统，成为从微机到工作站上各种图形系统的核心。为满足设计到制造各个环节的信息统一要求，建立统一的产品信息模型，推出了特征建模系统。建模技术在更高层次上表达了产品的功能和形状信息，包含了丰富的工程含义。因而可以说，特征建模技术的出现和发展是 CAD/CAM 技术发展的一个新的里程碑，为 CAD/CAM/CAPP 集成提供了新的理论基础和方法。下面具体介绍线框建模、表面建模、实体建模和特征建模这四种几何建模模式。

2.2.1 线框、表面、实体建模技术

1. 线框模型、表面模型、实体模型介绍

(1)线框模型：操作简单，对计算机内存、显示器等软硬件要求相对较低，经常应用于一些低成本的设计系统中。根据表达线框模型的数据模型，可以获得任意方向的投影视图，且视图之间能够保证正确的投影关系。在线框模型中，整个模型对象是通过一些线段的终点坐标(X 和 Y 坐标)以及其连接关系来表达的，即线框表达方法。虽然线框模型看似简单易懂，但实际上它会引起表达上的异义，因为棱线的重叠、交错会使得我们难以清晰观察模型，有时仅通过线框很难理解究竟哪一侧是实体的外侧，哪一侧是实体的内侧。因此，线框模型不适合用于表达复杂实体。此外，通过线框模型还可以得出一些不可能存在的实体。因此，通常线框模型，都是用于低端设计和制造系统，如 AutoCAD、Versa CAD 及 CADKEY 等。为了全面描述实体的特性，除了顶点数据，还必须进一步存储更多的数据。

三维物体可以用它的顶点和边的几何来描述。因此，每个线框模型都有两个表：一个是顶点表，一个是棱线表。顶点表记录着各个顶点的坐标值，棱线表记录每条棱线所连接的两个顶点的信息。图 2-3 和表 2-1、表 2-2 给出了线框模型的数据结构原理。

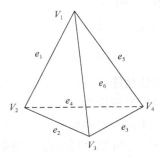

图 2-3　线框模型

表 2-1　顶点表

顶点	坐标值		
	x	y	z
1	0	0	4
2	0	−2	0
3	2	0	0
4	0	2	0

表 2-2　棱线表

棱线	顶点号	
1	1	2
2	2	3
3	3	4
4	4	2
5	1	4
6	1	3

(2)表面模型：包含了面的信息，而这类信息通常对产品的设计和制造都是十分重要的。物体的真实形状、有限元网格、数控编程时刀具的轨迹坐标等需要从中获得。然而，表面模型中不能表达任何有关内部结构的信息。这一点局限在我们期望通过模型直接获得相关的数控刀具程序时是需要慎重考虑的。此外，关于实体属性，如质量和惯性等的计算对表面模型来说有一定困难。有些情况下曲面可以是不封闭的，难以判断其所表达的形状的内侧和外侧，

因此，仅仅依靠表面模型来进行产品几何建模建造是不够的。但是，表面模型作为建模方法之一，在某些情况下还是有其用途的，比如，当产品设计中存在一些复杂的非解析方法表达的曲面时，即自由曲面，如用于模拟汽车车身表面和船舶船体表面。一些数学方法可用于处理这些表面，如孔斯 (Coons) 曲面、贝塞尔 (Bezier) 曲面、B 样条 (B-spline) 曲面等[20,21]。基于线框模型的表面模型是把线框模型中的边所包围的封闭部分定义为面，它的数据结构是在线框模型的顶点表和边表中增加必要的指针，使边有序地连接，并增加一张表来构成表面模型，见图 2-4。

表面编号	5
表面特征码	0
始点指针	1
顶点个数	4

顶点名	属性	连接指针
1	2	0	2
2	3	0	3
3	4	0	4
4	1	0	1

顶点名	坐标值		
	x	y	z
1	$x1$	$y1$	$z1$
2	$x2$	$y2$	$z2$
3	$x3$	$y3$	$z3$
4	$x4$	$y4$	$z4$

图 2-4　表面模型的数据结构

(3) 实体模型：包括了关于实体表达所需的完整信息，并以一定的具体形式表达出来。通过实体建模方式可以获得产品制造过程中所需的全部信息。这是使用最广泛的一种方法，其中采用了若干不同的技术来表示有关实体模型中的数据。在实体模型的表示中，出现了许多方法，从用户角度来看，形体以特征表示和构造的实体几何表示比较适宜；从计算机对形体的存储管理和操作运算角度来看，边界表示最为实用。

2. 线框模型、表面模型及实体模型在建模方面的特点比较

(1) 线框模型的优点是操作简单、应用成本低，但当模型形状复杂时棱线过多会带来理解上的偏差，另外某些情况下存在"二义性"。线框模型不能表达拓扑信息，如边与面、面与体之间的关系，不能做剖切，不能消除隐藏线，不能计算物体属性，不能直接生成刀具加工轨迹，不能进行装配时的干涉检查等。

(2) 表面模型的优点是用于构造汽车车身、船舶壳体、复杂模具中的复杂、有高精度要求的自由曲面，缺点是在拓扑关系上表达不够完整，直接进行物体属性计算存在一定难度，在直接生成刀具加工轨迹时有局限。

(3) 实体模型的优点是包含了建模对象的完整信息，克服了线框模型和表面模型的局限，能够方便地生成剖视图和断面图，可以消除隐藏线和隐藏面，能够直接进行数控加工的编程并直接生成刀具加工轨迹。

2.2.2　特征建模和参数化建模技术

1. 特征建模的基本含义

特征建模是为了弥补传统的体素造型方法的不足而提出的，特征造型技术的研究是在实体建模的基础上展开的。这种面向设计过程、制造过程的特征模型方法，克服了几何模型的缺陷。因此，特征建模被公认为是几何模型发展的下一代，是用于集成制造和智能制造的一种理想的产品模型，是数字化设计关键技术之一。

随着应用的不同，特征的定义也各不相同，即使是同一特征，也可能有多种描述形式。

特征不是体素，不是某个或某几个加工面，不是完整的零件，从不同的角度描述特征必然会引起特征定义的不同。随着建模技术的发展，又提出了一系列的概念和方法，如功能特征、结构特征、特征识别、特征映射等。国内有些单位从 20 世纪 90 年代末也开始了特征建模技术的研究。有些单位从设计、制造一体化的观点研究，将形状特征定义为："具有一定拓扑关系的一组几何元素构成的形状实体，它对应零件的一个或多个功能，并能被一定的加工方式所形成。"在形状特征研究的基础上，为进一步拓宽特征的含义，又将特征定义为"一组具有确定约束关系的几何实体，它同时包含某种特定的语义信息"。将特征表达为如下形式：

产品特征=形状特征+工程语义信息

其中，工程语义信息包括三类属性信息，即静态信息(描述特征形状、位置属性数据)、规则和方法(确定特征功能和行为)、特征关系(描述特征间相互约束关系)。依据不同应用功能，可以为特征赋予不同的语义信息。由于该种定义强调了特征的工程语义信息，既能表达设计人员的设计意图，又具有相应的制造加工信息，所以特征建模技术成为 CAD/CAM 集成的核心技术。

在具体系统中，特征被定义为一种参数化的形状单元，它具有几何、属性、制造知识三方面的信息，它同时满足设计和制造的应用要求[21,22]。

可见，特征是从设计和制造经验中抽象出来的形状单元，它与制造中体素工艺和制造环境相关，因而它不是一个单纯的几何实体，这就是特征与传统模型系统中体素的区别。特征是参数化的实体，实体上包含了一组待加工的型面，特征是设计中的体素的概念与加工中的型面概念的综合。从制造的角度来看，设计者的意图，可以认为设计者定义了零件的最终形状，而制造者则必须在实际加工之前定义出毛坯至零件最终形状的一个或若干个形状变化序列。所以说，基于特征的产品建模，就是对产品零件的产品模型特征的描述，是指通过计算机模型化处理，将工程图样所表达的产品信息抽象为特征的有机集合，使特征作为产品定义的基本单元。该模型不仅能支持各工程应用活动所需的产品定义数据，而且能提供符合人们思维的高层次工程描述术语，并反映工程师的设计、制造意图。

2. 特征的分类

通过分析机械产品大量的零件图样信息和加工工艺信息，可将构成零件的特征分为六大类。

(1)管理特征。与零件管理有关的信息集合，如标题栏信息(如零件名、图号、设计者、设计日期等)。

(2)技术特征。描述零件的性能和技术要求等信息。

(3)材料特征。描述零件材料、热处理和条件等有关的信息，如材料性能、热处理方式、硬度值等。

(4)精度特征。描述零件几何形状、尺寸的许可变动量的信息集合，包括公差(尺寸公差和几何公差)和表面粗糙度等。

(5)形状特征。描述与零件几何形状、尺寸相关的信息集合，包括功能形状、工艺形状(如退刀槽、工艺凸台等)、装配辅助形状。

根据形状特征在构造零件中所起的作用不同，可分为基本特征和附加特征两类。

① 基本特征。基本特征用来构造零件的基本几何形体，是最先构造的特征，也是后续特征的基础，反映了零件的主要形状、体积(或质量)。根据其特征形状的复杂程度，又分为简

单特征和宏特征两类。简单特征主要指圆柱体、圆锥体、成形体、长方体、圆球、球缺等简单的基本几何形体。宏特征是指具有相对固定的结构形状和加工方法的形状特征,其几何形状比较复杂,但又不便于进一步细分为其他形状特征的组合。如盘类零件、轮类零件的轮辐和轮毂等,基本上都是由宏特征及附加在其上的附加特征(如孔、槽等)构成的。宏特征的定义可以简化建模过程,建立各个表面特征的分别描述,并且能反映出零件的整体结构、设计功能和制造工艺。

② 附加特征。附加特征是依附于基本特征之上的几何形状特征,是对基本特征的局部修饰,反映了零件几何形状的细微结构。附加特征依附于基本特征,也可依附于另一附加特征,如螺纹、花键、V 形槽、T 形槽、U 形槽等单一的附加特征。它们既可以附加在基本特征之上,也可以附加在附加特征之上,从而形成不同的几何形体。例如,将螺纹特征附加在外圆柱表面上,可形成外圆柱螺纹;将其附加在内圆柱表面上,形成内圆柱螺纹。同理,花键也可形成外花键和内花键。因此,无须逐一描述内螺纹、外螺纹、内花键和外花键等形状特征,这样就避免了由特征的重复定义而造成特征库数据的冗余。

(6)装配特征。描述零件在装配过程中将使用的信息,如零件、部件的相关方向,相互作用面和配合关系等。

除上述六类特征外,针对箱体类零件提出方位面特征,即零件各表面的方位信息的集合,如方位标识、方位面外法线与各坐标平面的夹角等。另外,工艺特征模型中提出尺寸链特征,即反映轴向尺寸链信息的集合。在上述特征中,形状特征是描述零件或产品的最主要的特征。

3. 特征的表达方法

特征的表达主要有两方面的内容:一是表达几何形状的信息;二是表达属性或非几何信息。根据几何形状信息和属性在数据结构中的关系,特征的表达方法可分为集成模式与分离模式。集成模式是将属性信息与几何形状信息集成地表达在同一内部数据结构中,分离模式是将属性信息表达在与几何形状模型分离的外部结构中。

集成模式的优点:①可以避免分离模式中内部实体模型数据和外部数据不一致及冗余;②可以同时对几何模型与非几何模型进行多种操作,因而用户界面友好;③可以方便地对多种抽象层次的数据进行存取与通信,从而满足不同应用的需要。但对集成模式,现有的实体模型不能很好地满足特征模型表达的要求,需要从头开始设计和实施全新的基于特征的表达方案,工作量大。因此,有些研究者采用分离模式,即基于现有的几何建模技术,如 CSG、B-rep 和扫描法等生成几何形状信息,然后在几何建模系统上面加一层,以满足表达属性信息的需要。

几何形状信息的表达,可分为隐式表达和显式表达。隐式表达是特征生成过程的描述,显式表达是有确定的几何与拓扑信息的描述。例如,对于一个外圆柱特征,其显式表达用圆柱面、两个底面及边界(上、下两个底面的圆边)细化来描述;其隐式表达则用中心线、高度、直径等来描述。

隐式表达的特点:①用少量的信息定义几何形状,简单明了,并可为后续应用(如 CAPP)提供丰富的信息;②便于将基于特征的产品模型与实体模型集成;③能够自动地表达在显式表达中不能或不便表达的信息。

显式表达的特点:①能更准确地定义特征形状的几何拓扑信息,更适合表达特征的低级信息(如 NC 仿真与检验等)；②能表达几何形状复杂(如自由曲面)又不便隐式表达的几何形状与拓扑结构。

然而，无论是显式表达还是隐式表达，单一的表达方式都不能很好地适应 CAD/CAM 集成对产品特征从低级信息到高级信息的需求。因此，从设计和加工要求出发，显式与隐式混合表达是一种能结合各自优点的形状表达模式。显式与隐式混合表达几何形状信息主要包括特征标志、特征名、位置与方向、几何尺寸、几何要素、轮廓线、主参数等内容。

4. 特征建模的特点

与传统的几何建模方法相比，特征建模具有如下特点。

(1)能更好地表达产品完整的技术和生产管理信息，为建立产品的集成信息服务。它的目的是用计算机可理解和处理的统一产品模型替代传统的产品设计与施工成套图样以及技术文档，使得一个工程项目或机电产品的设计与生产准备的各个环节可以并行展开。

(2)能使产品设计工作在更高的层次上进行，设计人员的操作对象不再是原始的线条和体素，而是产品的功能要素(如螺纹孔、定位孔、键槽等)。特征的引用体现了设计意图，使建立的产品模型容易为别人理解和组织生产，设计的图样容易修改，设计人员可以将更多的精力用在创造性构思上。

(3)能有助于加强产品设计、分析、工艺准备、加工、检验等各部门间的联系，更好地将产品的设计意图贯穿到各个后续环节中，并且及时得到后续环节的意见反馈，为开发新一代基于统一产品信息模型的 CAD/CAPP/CAM 集成系统创造条件。特征建模在 CAD/CAM 技术的发展中占有重要的地位。

几种建模方式的对比如表 2-3 所示。

表 2-3　建模方式对比

建模方式	应用范围	局限性
线框建模	绘制二维、三维线框图	不能表示实体；图形会有二义性；拓扑关系缺乏有效性
表面建模	艺术图形；形体表面显示；数控加工	不能表示实体
实体建模	物性计算；有限元分析；用集合运算构造形体	只能产生正则实体；抽象形体的层次较低
特征建模	在实体建模基础上加入实体的精度信息、材料信息、技术信息、动态信息	还没有实用化系统问世；目前主要集中在概念的提出和特征的定义及描述上

2.2.3　建模规则

建模过程普遍遵循的一般规则包括建模尺寸、建模范围、建模比例、建模完整性、建模方法、模型修改和模型提交等方面。

三维建模应符合以下一般原则[22]。

(1)所有的结构、系统件等都应建立三维模型，以支持 MBD、DMU 和 DPA。

(2)除特殊要求外，应以公称(名义)尺寸建立 1∶1 的设计模型，并以零件的交付状态建模。

(3) 一个 CAD 文件仅能定义一个零件。

(4) 建立的三维模型均需包含坐标系信息。

(5) 所有的实体模型都应在零件级确定材质, 材质库可按需扩展。

(6) 应在建模的同时, 建立数据间应有的链接关系和引用关系。

(7) 建模过程应充分体现 DFM 的设计准则, 在模型上表达必要的制造相关信息, 并尽量提高其工艺性。

(8) 几何模型应具有唯一性和稳定性, 不允许有冗余元素存在。

(9) 几何模型应是封闭的, 且不应带有额外的线架和曲面, 产品模型应是完整的。

(10) 在满足要求的情况下, 尽量使模型最简化, 使其数据量减至最少。

(11) 模型的建立及修改应在统一的环境下进行。

2.2.4   建模处理过程

三维建模方法框架体现了建模方法的形成方式, 也就是从模型的分析到建模思路的形成过程, 如图 2-5 所示。

(1) 对被建模型的结构造型进行分析, 根据模型的特征, 选择合适的建模方式。

(2) 完成建模方式的选择后, 分析并形成建模思路。对被建模型的结构造型特征列出相应的建模命令, 可能出现一个结构造型对应多个建模命令的情况。

(3) 对这些建模命令根据命令的主次与依附性、模型的主次结构和草图与步骤比例原则进行排序(一个结构造型出现多个对应建模命令的情况进行命令优选); 接着对排序进行优化, 使整个建模思路简便。

(4) 对优化后的建模思路再次进行审核, 当有更加合适的建模命令时进行替换, 以形成新的更加简便的建模思路[23]。

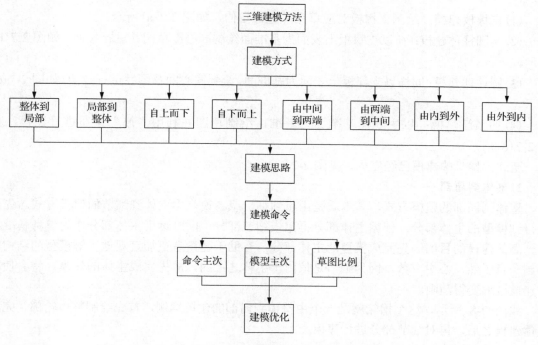

图 2-5   三维建模方法框架

1. 建模方式

建模方式是完成建模的宏观方向，建模思路是完成建模的具体方法，好的方法需要有一个精准的方向，才能高效建模，建模方式和建模思路任一个没有选好，不仅不能高效建模反而会因相互不适用而造成建模效率低下。

能够进行三维建模的建模方式有很多种，同一个模型，不同的建模方式有不同的效果，其效率也不一样。常用的建模方式可分为主次、方向、内外三个部分[24,25]。

1) 自下而上

自下而上的建模方式是最常见的建模方式，也符合人们的正常思维。按照自下而上的顺序，一步一步地完成建模，本身就体现出一定的条理性，所以在三维建模方式中运用得比较多，也较容易理解。

如图 2-6 所示，拨叉建模就是自下而上，按照支撑板→底部半圆柱体→圆柱体→筋的顺序逐个完成建模。

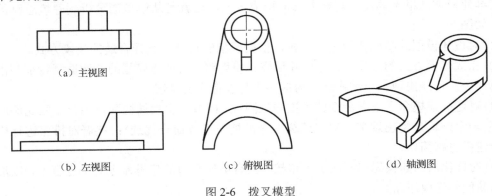

（a）主视图

（b）左视图   （c）俯视图   （d）轴测图

图 2-6　拨叉模型

（1）支撑板建模：绘制支撑板对应草图并进行拉伸，如图 2-7（a）所示。

（2）半圆柱体建模：在以支撑板上表面为基准面绘制同心圆草图并进行拉伸，如图 2-7（b）所示。

（3）圆柱体建模：同样以支撑板上表面为基准面，绘制同心圆草图并进行拉伸，如图 2-7（c）所示。

（4）加强筋建模：以主视图基准面为基准，绘制草图并利用"筋"按钮进行建模，如图 2-7（d）所示。

至此，拨叉的建模已经完成，见图 2-7（e）。

2) 整体到局部

整体到局部的建模方式，其本质是由粗到细，或者说是由主体到细节的建模方式。先建模得到模型的主体部分，依据主体部分再建模细节部分，同时运用主体部分作为参考基准，达到高效建模的目的。先完成模型的主体部分，有助于建模者更加直观地了解模型的结构，做到一目了然，心中有数，因为细节是依附于主体之上的，故先完成主体的建模，将会使整个建模过程变得清晰。

如图 2-8 所示，这个槽轮就是一个由整体到局部的建模案例，首先绘制整体轮部，完成主体建模之后，再对细节部分进行建模。

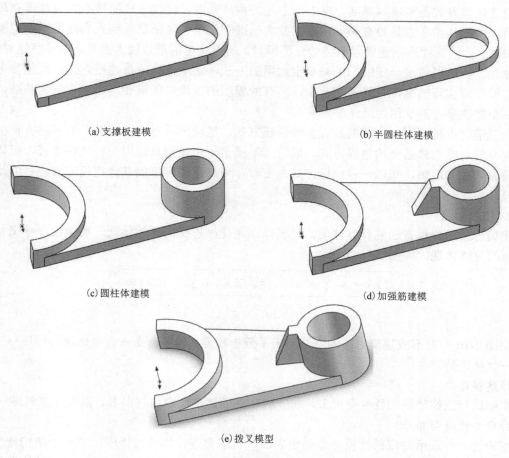

(a) 支撑板建模　　　　　　　　　　　　　　(b) 半圆柱体建模

(c) 圆柱体建模　　　　　　　　　　　　　　(d) 加强筋建模

(e) 拨叉模型

图 2-7　拨叉建模示意图

3) 由外到内

由外到内的建模方式，从字面就可知其意思，由外部建模到内部建模。内部建模的命令通常具有依附性，故应先对外部进行建模，再以外部建模为参考，对内部进行建模，遵循由外到内的顺序。

图 2-9 所示箱体就是一个由外到内建模的案例，先进行箱体整体建模，再进行内部孔建模。

图 2-8　槽轮模型

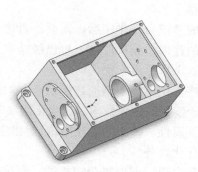

图 2-9　箱体模型

　　无论建模方式是整体到局部、自上而下还是由外到内，建模方式的核心思想是建立最佳参考系，而最佳参考系是最有利于建模的参考基准。这个参考基准需要人为地根据模型实际情况来建立，因为要根据建模者的经验分析模型，所以这里的最佳因人而异，不具有绝对性。即便如此，也可以通过一定的归纳来确定通用的方法，这个方法就是建模方式。最佳参考基准根据模型的实际情况，有时不止一个，而有的模型的建模可能需要不止一个参考基准，可以把多个最佳参考基准称为最佳参考系。

　　在三维建模时，同一个模型具有多种建模方式，呈现出一对多的情况，需要结合模型实际情况分析后给出最适合的建模方式。同时，不固定一个模型只运用一种建模方式，可以多种建模方式叠加运用，在以一种建模方式为主时，局部建模可穿插其他建模方式，目的是简化建模。

　　2. 建模思路

　　建模思路是建模方法的具体体现，建模操作是建模思路的具体体现，而建模命令又是建模操作的具体体现，如图 2-10 所示。

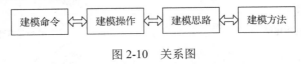

图 2-10　关系图

　　在图 2-10 中对形成建模思路的方法给出了分析步骤：建模命令→命令优选与排序→排序优化→优化之外。

　　1）建模命令

　　能够进行三维建模的软件有很多，每一种软件的建模命令也有很多，这里不再赘述。

　　2）命令优选与排序

　　结构造型特征所对应的建模命令列出之后，就需要进行优选与排序。在一个结构造型特征对应多个建模命令的情况下，选择最适合这个模型的建模命令是必要的，一个结构造型特征通常只需要一个建模命令，所以要对结构造型特征对应的多个建模命令进行优选，需要结合模型的实际情况选择最简便的建模命令，有助于提高建模效率。

　　因为这些已经选择好的建模命令没有先后顺序，现在只是一个结构造型特征对应一个建模命令，所以需要对这些建模命令进行排序，在对命令进行排序时要注意命令的主次与依附性和模型的主次结构原则，最后，再考虑草图与步骤比例原则。排序的完成就是建模思路的初步完成，因为建模操作将按照建模思路进行。

　　3）排序优化

　　完成建模命令排序后，需要检查这个排序是否有问题，是否可以进一步优化。通常，对于简单的建模，到排序这一步已经结束了，而对于复杂建模，当涉及的建模命令较多时，就需要对这个排序进行优化。

　　排序优化有助于精简建模命令，对建模命令在排序中的位置进行再确认，目的是便捷操作，进一步提高建模效率。在优化排序时，需要再次引入三大原则(草图与步骤比例、命令的主次与依附性、模型的主次结构)对排序进行梳理。

　　4）优化之外

　　一般来说，即使复杂的模型，到排序优化这一步也已经结束了，但这里又增加了优化之外。任何事物都不是绝对的，在排序优化之后，并不代表这个建模思路一定是最简便、最高效的。但有时过分追究哪一点显然是在浪费时间，因为已经过了排序优化，越往后，越难检查出不合理。

　　建模方式和建模思路是相辅相成的，一般顺序为建模方式给出建模方向，建模思路给出具体操作步骤。也可以由建模思路决定建模方式，当建模思路决定下来以后，相对应的建模方式也被确定下来。显然，当确定了建模思路之后，建模方式已经起不到作用，且这种方式只适用于较为简单的模型，对于复杂模型的建模，可能无法直接看出建模思路。所以，对于简单模型的建模，可以直接构建建模思路，对于较为复杂模型的建模，就需要按照图 2-4 所示三维建模方法框架来完成建模。

2.3　建模的数据处理

2.3.1　工程数据的类型

　　对于工程手册技术标准、设计规范以及经验数据中的工程数据，常用的表示方法有数表、线图等形式。

1. 数表

　　离散的列表数据称为数表。数表主要包括以下几种类型。

　　(1)具有理论或经验计算公式的数表。这类数表通常可以用一个或一组计算公式表示，在手册中以表格的形式出现，以便检索和使用。

　　(2)简单数表。这类数表中的数据仅表示某些独立的常量，数据之间互相独立，无明确的函数关系。根据表中数据与自变量的个数可以分为一维数表、二维数表和多维数表。一维数表是最简单的一种数表形式，它的特点是表中数据唯一对应，如表 2-4 所示。

表 2-4　矩形截面的扭转系数

h/t	1	2	3	4	6	8	10	∞
K	0.141	0.229	0.263	0.281	0.299	0.307	0.313	0.333

　　二维数表需要由两个自变量来确定所表示的数据，如表 2-5 所示。在理论上，多维数表的维数可以超过三维，但在实际使用中以三维以内的数表居多。

表 2-5　齿轮传动的工况系数 K_A

工作机	原动机工作特性		
载荷特性	工作平稳	轻度冲击	中等冲击
工作平稳	1.00	1.25	1.50
中等冲击	1.25	1.50	1.75
较大冲击	1.75	≥2.00	≥2.25

　　(3)列表函数数表。这类数表中的数据通常是通过实验方式测得的一组离散数据，这些互相对应的数据之间常存在着某种函数关系，但是无法用明确的函数表达式进行描述。这类数表也可分为一维数表、二维数表和多维数表，如表 2-6 和表 2-7 所示。

表 2-6　带传动包角系数 K_α

$\alpha/(°)$	90	100	110	120	130	140	150	160	170	180
K_α	0.68	0.73	0.78	0.82	0.86	0.89	0.92	0.95	0.98	1.00

表 2-7　仪器仪表铸造壳体的最小壁厚　　　　　（单位：mm）

合金种类	铸造方法				
	砂模铸造	金属模铸造	压力铸造	熔模铸造	壳膜铸造
铝合金	3	2.5	1~1.5	1~1.5	2~2.5
镁合金	3	2.5	1.2~1.8	1.5	2~2.5
铜合金	3	3	2	2	—
锌合金	—	2	1.5	1	2~2.5

2. 线图

线图是工程数据的另一种表达方法，它具有直观、形象和生动等特点，线图还能反映数据的变化趋势。常用的线图形式有直线、折线或曲线等，可以表示设计参数之间的函数关系，在使用时直接在线图中查得所需的参数。线图主要包括两类：一类线图所表示的各参数之间原本存在较复杂的计算公式，但为了便于手工计算而将公式转换成线图，以供设计时查用；另一类线图所表示的各参数之间没有或不存在计算公式。

2.3.2　工程数据的数字化处理方法

在数字化开发环境中，数表和线图等设计资料必须经过数字化处理并集成到软件系统中，以方便设计人员使用。对上述几种形式的工程数据，常用的处理方法包括以下三种。

（1）程序化处理。将数表或线图以某种算法编制成查阅程序，由软件系统直接调用。这种处理方法的特点是：工程数据直接编入查阅程序，通过调用程序可方便、直接地查取数据，但是数据无法共享，程序无法共用，数据更新时必须更新程序。

（2）文件化处理。将数表和线图中的数据存储于独立的数据文件中，在使用时由查阅程序读取数据文件中的数据。这种处理方法将数据与程序分离，可以实现有限的数据共享。它的局限性在于：查阅程序必须符合数据文件的存储格式，即数据与程序仍存在依赖关系。此外，由于数据文件独立存储，安全性和保密性较差，数据必须通过专门的程序进行更新。

（3）数据库处理。将数表及经离散化处理的线图数据存储于数据库中，数据表的格式与数表、线图的数据格式相同，且与软件系统无关，系统程序可直接访问数据库，数据更新方便，真正实现数据共享。

2.4　建模仿真步骤及有效方法

系统建模和仿真的目的是分析实际系统的性能特征，它的应用步骤如图 2-11 所示。

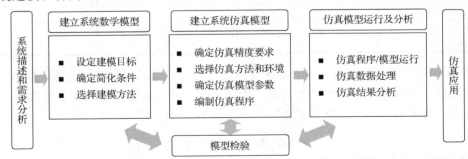

图 2-11　系统建模与仿真应用的基本步骤

(1)问题描述与需求分析。建模与仿真的应用源于系统研发需求。因此，需要明确被研究系统的结构组成、工艺参数和功能等，划定系统的范围和运行环境，提炼出系统的主要特征和建模元素，以便对系统建模和仿真研究作出准确定位及判断。

(2)设定研究目标和计划。根据研究对象的不同，建模和仿真的目标包括系统性能、质量、强度、寿命、产量、成本、效率、资源消耗等。根据研究目标，确定拟采用的建模与仿真技术，制订建模与仿真研究计划，包括技术方案、技术路线、时间安排、成本预算、软硬件条件以及人员配置等。

(3)建立系统的数学模型。为保证所建模型符合真实系统、反映问题的本质特征和运行规律，在建立模型时要准确把握系统的结构和机理，提取关键的参数和特征，并采取正确的建模方法。按照由粗到精、逐步深入的原则，不断细化和完善系统模型。需要指出的是，数学建模时不应追求模型元素与实际系统的一一对应，而应通过合理的假设来简化模型结果，关注系统的核心元素和本质特征。此外，应以满足仿真精度为目标，避免使模型过于复杂，以降低建模和求解的难度。

(4)模型的校核、验证及确认。系统建模和仿真的重要作用是为决策提供依据。为减少决策失误，降低决策风险，有必要对所建数学模型和仿真模型进行校核、验证及确认，以确保系统模型和仿真逻辑及结果的正确性与有效性。实际上，模型的校核、验证及确认工作贯穿于系统建模与仿真的全过程中。

(5)数据采集。要想使仿真结果能够反映系统的真实特性，采集或拟合符合系统实际的输入数据显得尤为重要。实际上，数据采集工作在系统建模与仿真中具有十分重要的作用。这些数据是仿真模型运行的基础，也直接关系到仿真结果的可信性。

(6)数学模型与仿真模型的转换。在计算机仿真中，需要将系统的数学模型转换为计算机能够识别的数据格式。

(7)仿真试验设计。为提高系统建模与仿真的效率，在不同层面和深度上分析系统性能，有必要进行仿真试验方案的设计。

(8)仿真试验。仿真试验是运行仿真程序、开展仿真研究的过程，也就是对所建立的仿真模型进行数值试验和求解的过程。不同的仿真模型有不同的求解方法。

(9)仿真数据处理及结果分析。从仿真试验中提取有价值的信息并指导实际系统的开发，是仿真的最终目标。早期仿真软件的仿真结果多以大量数据的形式输出，需要研究人员花费大量时间整理、分析仿真数据，以得到科学结论。目前，仿真软件中广泛采用图形化技术，通过图形、图表、动画等形式显示被仿真对象的各种状态，使得仿真数据更加直观、丰富和详尽，也有利于人们对仿真结果的分析。应用领域及仿真对象不同，仿真结果的数据形式和分析方法也不尽相同。

(10)优化和决策。根据系统建模和仿真得到的数据与结论，改进和优化系统结构、参数、工艺、配置、布局及控制策略等，实现系统性能的优化，并为系统决策提供依据。

2.5　数字化建模的关键技术

1. 参数化设计

参数化设计就是将模型中的约束信息变量化，使之成为可以变化的参数。赋予变量参数以不同数值，得到的模型形状和大小就会不同。

参数化模型中的约束可分为几何约束和工程约束，而几何约束包括结构约束和尺寸约束。其中，结构约束是指几何元素之间的拓扑约束关系，如平行、垂直、相切、对称等；尺寸约束则是通过尺寸标注表示的约束，如距离、角度、半径等；工程约束是指尺寸之间的约束关系，通过定义尺寸变量及它们之间在数值和逻辑上的关系来表示。

2. 智能化设计

智能化是数字化设计技术发展的必然选择，产品的设计过程是具有高度智能的人类进行创造性活动的领域。当前的数字化设计系统在一定程度上体现了智能化的特点。例如，草图绘制中自动捕捉关键点(如端点、中点、切点等)、自动尺寸与公差标注、自动生成材料明细表等。但是，目前的智能化水平距离满足人们的设计需求还有一定差距。

智能化设计要深入研究人类的思维模型，并用信息技术(如专家系统、人工神经网络等)来表达和模拟，从而产生更为高效的设计系统。

3. 基于特征设计

特征是描述产品信息的集合，也是构成零件、部件设计与制造的基本几何体。它既反映零件的纯几何信息，也反映零件的加工工艺特征信息。从设计角度看，特征是功能与结构的对应几何描述；从工艺规划角度看，特征是结构与加工工艺的对应方法描述；从加工角度看，特征是加工工艺与机床进给的对应过程的描述。

4. 单一数据库与相关性设计

单一数据库是指与产品相关的全部数据信息来自同一个数据库。建立在单一数据库基础上的产品开发，可以保证将任何设计改动及时地反映到设计过程的其他相关环节上，从而实现相关性设计，有利于减少设计差错，提高设计质量，缩短开发周期。

例如，修改零件的二维工程图，则零件三维模型、产品装配体、数控程序等也自动更新；用户修改左视图的某个尺寸，则主视图、俯视图和三维模型中相应的尺寸、形状也会随之改变。

5. 数字化设计软件与其他开发、管理系统的集成

数字化设计为产品开发提供了基本的数据模型，但是它只是计算机参与产品开发的一个环节。为充分、有效地利用产品的模型信息，有必要实现数字化设计软件与其他系统的集成。

数字化设计技术的集成化体现在以下三个方面：①数字化设计软件与数字化仿真、数字化制造、数字化管理软件模块集成，为企业提供了一体化解决方案，推动了企业信息化进程；②将数字化建模和设计技术的算法、功能模块及系统，以专用芯片的形式加以固化，以提高设计效率；③基于网络环境，实现异地、异构系统的企业产品集成化设计。

6. 标准化

由于数字化设计软件产品众多，为实现信息共享，相关软件必须支持异构跨平台环境。上述问题的解决主要依靠相关的标准化技术。STEP 标准采用统一的数字化定义方法，涵盖了产品的整个生命周期，是数字化设计技术的最新国际标准。

2.6　主流数字化建模软件简介

目前，计算机绘图、产品数字化造型以及数字化装配等设计技术已趋于成熟，各种数字化造型软件在工业界得到广泛应用。下面简要介绍几种主流的数字化建模和设计软件。

1. Unigraphics（UG）

Unigraphics 源于美国 Mc Donnell 公司。20 世纪 90 年代初，UG 进入中国市场。2001 年，UGS 与 SDRC 公司合并，组成了新的 EDS 公司，并推出了全新架构、基于 PLM 的解决方案 Unigraphics NX 版本。它具有基于知识工程的自动化开发、集成化协同设计环境、开放式设计、用户界面良好等优点。

UG NX 支持包括 Windows®、UNIX®、Linux 以及 Mac OS X 操作系统在内的各种平台，吸取了参数化和变量化技术的优点，具有基于特征、尺寸驱动和统一数据库等特征，实现了 CAD/CAE/CAM 之间无数据交换的自由切换。此外，数控加工功能是 UG NX 的优势所在，可以进行 2～2.5 轴、3～5 轴联动的复杂曲面的镗铣加工。

UG NX 12.0 作为当前最新的版本，引入了一些新功能，尤其是在 CAM 加工模块。例如，能够实现无刀痕加工方法——引导曲线加工，用该方法进行模拟加工，产生的刀路比传统的爬面加上等高加工的方法模拟出的刀路更加平滑、美观，而且效率也得到了提高。

UG NX 主要功能介绍如下。

（1）建模与渲染。UG NX 为创造性的培养和产品技术革新的工业设计提供了强有力的解决方案。利用 UG NX 建模，可迅速地建立和改进复杂的产品形状，并且使用先进的渲染和可视化工具来最大限度地满足设计概念的审美要求。

（2）设计与制图。UG NX 包含世界上最强大、最广泛的产品设计应用模块。UG NX 具有强大的机械设计和制图功能，在设计制造过程中具有高效性和灵活性，以满足客户设计复杂产品的需要。UG NX 优于通用的设计工具，具有专业的管路和线路设计系统、钣金模块、专用塑料件设计模块和其他行业设计所需的专业应用程序。

（3）数字化仿真。UG NX 允许制造商以数字化的方式仿真、确认和优化产品及其开发过程。通过在开发周期中较早地运用数字化仿真性能，制造商可以改善产品质量，同时减少或消除对于物理样机昂贵耗时的设计、构建，以及对变更周期的依赖。

（4）NC 加工。UG NX 加工基础模块提供连接 UG 所有加工模块的基础框架，为 UG NX 所有加工模块提供一个相同的、界面友好的图形化窗口环境，用户可以在图形方式下观测刀具沿轨迹运动的情况并可对其进行图形化修改。

2. CATIA

CATIA 是 computer aided three-dimensional interactive application 的缩写。源于美国洛克希德（Lookheed）公司开发的 CADAM 软件。CATIA 是法国达索（Dassault）飞机公司 Dassault Systems 工程部的产品，达索以生产幻影 2000 和阵风战斗机而著称。1982 年达索发布 CATIA 1.0 版，现已发展为集成化 CAD/CAE/CAM 软件。美国波音公司的 Boeing 777 型飞机的全数字、无纸化开发就是 CATIA 软件的杰作。

CATIA V6 作为目前使用最多的版本，比 V5 版本增加了一个 compass robot 选项，用户可以随意拖动 compass 选项，一些有用的工具条就在该选项旁边。而且 V6 版本的 3D shape 功能模块设计速度得到了很大提升。设计形状可以通过移动的 compass 选项进行任意编辑，这一点是 V5 版本不具有的。

CATIA 主要功能介绍如下。

(1) 混合建模技术。设计对象的混合建模功能，使得在 CATIA 的设计环境中，无论是实体还是曲面，真正做到了交互操作。变量和参数化混合建模功能，使得设计者在设计时不必考虑如何参数化设计目标，CATIA 提供了变量驱动及后参数化能力。几何和智能工程混合建模功能，可以将企业多年的经验积累到 CATIA 的知识库中，用于指导新手或指导新产品的开发，从而加速新型号推向市场。

(2) 全相关性的模块。CATIA 的各个模块基于统一的数据平台，因此 CATIA 的各个模块存在全相关性，三维模型的修改，能完全体现在二维、有限元分析以及模具和数控加工的程序中。

(3) 并行工程的设计环境。CATIA 提供的多模型链接的工作环境及混合建模方式，属于并行工程设计模式，总体设计部门只要将基本的结构尺寸发放出去，各分系统的人员便可开始工作，既可协同工作，又不互相牵连。模型之间的互相联结性，使得上游设计结果可作为下游设计的参考。同时，上游对设计的修改能直接影响下游工作的刷新，实现真正的并行工程设计。

(4) 产品整个开发过程的全覆盖。CATIA 提供了完备的设计能力。从产品的概念设计到最终产品的成型，CATIA 提供了完整的 2D、3D、参数化混合建模及数据管理手段，从单个零件的设计到最终电子样机的建立。同时，作为一个完全集成化的软件系统，CATIA 将机械设计、工程分析及仿真、数控加工和网络应用解决方案有机地结合在一起，为用户提供严密的无纸工作环境，特别是 CATIA 中针对汽车、摩托车行业的专用模块，使 CATIA 拥有了宽广的专业覆盖面，从而帮助客户达到缩短设计生产周期、提高产品质量及降低费用的目的。

3. Pro/Engineer

1988 年，美国参数技术公司(PTC)推出 Pro/Engineer 产品。Pro/Engineer（后简写为 Pro/E）是率先采用参数化设计技术、利用单一数据库来解决设计相关性问题的，集产品造型、设计、分析和制造为一体，提供众多而完整的产品模块，包括二维绘图、三维造型、装配、钣金、加工、模具、电缆布线、有限元分析、标准件和标准特征库、用户开发工具、项目管理等，用户可以按照需要而灵活配置和选择使用。针对不同行业的应用需求，Pro/Engineer 提供了多种行业解决方案，如机械设计解决方案、工业设计解决方案、制造解决方案、Windchill 技术、企业信息管理解决方案等。

目前 Pro/E 最高版本为 Creo Parametric4.0。但在市场应用中，不同的企业使用的版本各异，其中 WildFire5.0 是主流应用版本。该版本之所以如此受用户欢迎，是因为其具有 100 多种增强功能，而且在某些领域拥有全新的用户界面。例如，其新增加的实时动态编辑功能，用户只需拖动控制柄，然后将其移动到其他位置，即可在屏幕上进行更改，而无须打开对话框，输入数据，等待模型的重新生成，之后才可看到更改后的模型。

常用模块的功能简介如下。

(1) 草绘模块。用于绘制和编辑二维平面草图。在使用零件模块建立三维特征时，如需要进行二维草图绘制，系统会自动切换至草绘状态。同时，在零件模块中绘制二维平面草图时，也可以直接读取在草绘模块下绘制并存储的文件。

（2）零件模块。用于创建三维模型。由于创建三维模型是使用 Pro/E 进行产品设计和开发的主要目的，因此零件模块也是参数化实体造型最基本的模块。

（3）零件装配模块。装配就是将多个零部件组装成一个部件或完整的产品。在组装过程中，用户可以添加新零件或对已有的零件进行编辑修改。在装配过程中，还可以临时修改零件的尺寸，并且可以使用爆炸图的方式来显示所有零件相互之间的位置关系，非常直观。

（4）工程图模块。使用零件模块创建三维模块后，可以将三维模型变为产品的二维工程图，用于指导生产加工过程。使用工程图模块可以直接由三维实体模型生成二维工程图。系统提供的二维工程图包括投影视图、局部视图、剖视图和轴测图等视图类型，设计者可以根据零件的表达需要灵活选取需要的视图。

4. AutoCAD/MDT/Inventor

1982 年，美国 Autodesk 公司推出基于 PC 平台的 AutoCAD 二维绘图软件。它具有较强的绘图、编辑、剖面线和图案绘制、尺寸标注以及二次开发功能，并具有部分三维作图造型功能。AutoCAD 对推动 CAD 技术的普及发挥了重要作用，在机械、建筑等行业得到广泛应用，成为二维 CAD 软件的领导者。

MDT（mechanical desktop）是 Autodesk 公司推出的三维 CAD 软件。受技术的限制，操作烦琐，功能有限，MDT 始终没有成为主流的三维软件产品。1996 年，Autodesk 公司开始开发不基于 AutoCAD 体系结构和数据定义的三维 CAD 软件——Inventor，它具有参数化设计、特征造型、分段结构数据库引擎、自适应造型技术和良好的用户界面，可以自动转换 AutoCAD 及 MDT 模型的功能等诸多优点。

近两年更新的 CAD 软件增加了一些新的功能，例如，PDF 文件增强导入功能，使用 pdfimport 命令可以将 PDF 数据作为二维几何图形、TrueType 文字和图像输入到 AutoCAD 中。在 AutoCAD 2018 中，用户可以在图形的一部分中打开选择窗口，然后平移并缩放到其他部分，同时保留屏幕外对象选择，这项增加的功能相比之前的版本给予了用户更好的使用体验。

5. SolidWorks

1993 年，SolidWorks 公司在美国成立，并于 1995 年推出第一个基于 Windows 平台的实体建模软件 SolidWorks。1996 年，SolidWorks 软件进入中国市场。1997 年，SolidWorks 公司被达索公司收购，SolidWorks 成为达索公司中端市场的主打品牌。

SolidWorks 具有功能强大、操作简单、易学易用和持续的技术创新等特点，成为业内领先、市场主流中档三维 CAD 产品，在全球拥有数十万用户。SolidWorks 具有工程图、零件实体建模、曲面建模、装配设计、钣金设计、数据转换、特征识别、协同设计、高级渲染、标准件库等功能模块。除设计功能外，SolidWorks 通过并购以及与第三方软件公司合作，实现了与有限元分析软件 CosmosWorks、动力学分析软件 WorkingModel、数控编程软件 CAMWorks、PDM 软件 SmarTeam/PDMWorks 等的紧密集成，成为集 CAD/CAE/CAM/PDM 等为一体的产品数字化开发与管理软件供应商。

SolidWorks 2019 作为 2019 年推出的最新版本，在功能上进行了一定的改进和优化，功能性更加完善。例如，其增加的网格建模，让逆行工程和拓扑优化变得流畅；其边角处理增强功能以及多编辑结构轮廓的实现使处理焊件结构截面的工作效率得到了进一步提高。

6. CAXA

2002 年，由北京航空航天大学与海尔集团等发起成立北京北航海尔软件有限公司，推出具有自主知识产权的 CAD 产品 CAXA。CAXA 是 Computer Aided X A 的缩写。目前，CAXA 的软件产品包括电子图版、三维实体造型、数控加工、注塑模具设计、注塑工艺分析以及数控机床通信等，提供包括 CAD/CAPP/CAM/DNC/PDM/MPM 在内的 PLM 解决方案，覆盖了设计、工艺、制造和管理等领域，支持设计文档共享、并行设计和异地协同设计。

目前最新的 2019 版本的 CAXA，增强了拉伸功能，能够支持三维曲线拉伸成体，还可以直接拾取面和草图创建拉伸特征，而且还能够实现拉伸除料，支持拉伸方向自动切换。值得一提的是，这一版本的 CAXA 支持在截断视图上添加局部放大视图，无须用户在局部再进行截断。此外，增加的新功能使用户能够更加灵活简单地实现设计意图，大大提升了用户体验。

CAXA 主要功能介绍如下。

(1) 设计、编程集成化。可以完成绘图设计、加工代码生成、联机通信等功能，集图样设计和代码编程于一体。

(2) 更完善的数据接口。可直接读取 EXB、DWG、DXF(任意版本)、IGES 和 DAT 等各种格式文件，使得所有 CAD 软件生成的图形都能直接读入，不管用户的数据来自何方，均可利用 CAXA 完成加工编程，生成加工代码。

(3) 图样、代码的打印。可通过软件直接从打印机上输出图样和生成的代码。其中代码还允许用户进行排版、修改等操作，加强了图样、代码的管理功能。

(4) 互交式的图像矢量化功能。位图矢量化一直是很受用户欢迎的一个实用功能，新版本对它也进行了改进。新的位图矢量化功能能够接受的图形格式更多、更常见，适用于 BMP、GIF、JPG、PNG 等格式的图形，而且在矢量化后可以调出原图进行对比，在原图的基础上对矢量化后的轮廓进行修正。

(5) 齿轮、花键加工功能。解决任意参数的齿轮加工问题。输入任意的模数、齿数等齿轮的相关参数，由软件自动生成齿轮、花键的加工代码。

(6) 完善的通信方式。可以将计算机与机床直接联机，将加工代码发送到机床的控制器。CAXA 提供了电报头通信、光电头通信、串口通信等多种通信方式，能与国产的所有机床连接。

第3章　数字化样机技术

3.1　数字化样机的内涵与外延

3.1.1　数字化样机的概念

数字化样机（也称虚拟样机）是 21 世纪在制造业信息化领域中出现频率越来越高的专业术语，其对应的英文是 Digital Prototype(DP)或 Digital Mock-Up(DMU)。数字化样机是相对于物理样机而言的，是指在计算机上表达的机械产品整机或子系统的数字化模型，其作用是用数字样机验证物理样机的功能和性能。

数字化样机是对产品的真实化、集成化的虚拟仿真，用于工程设计、干涉检查、机构仿真、产品拆装、加工制造和维护检测等模拟环境，要求其具备集成化造型、可视化展示、功能检测产品结构和配置管理等完整的功能，并为数据管理、信息传递和决策过程提供方案，它覆盖了产品从概念设计到售后服务的全生命周期，是支持产品设计与工作流程控制、信息传递与共享，以及决策制定的公共数据平台。

目前，关于数字化样机尚无统一定义，通常有以下两种认识[26]。

1. 狭义数字化样机

狭义数字化样机是利用计算机图形图像技术和虚拟现实技术，在计算机构架的数字化视觉环境中，对产品模型的设计、制造、装配、使用、维护和回收利用等各种属性进行可视化分析与检验，逼真地分析与显示产品的视觉特征，以替代部分物理样机的测试工作。

2. 广义数字化样机

广义数字化样机是一种基于计算机数字化的产品综合描述，包含了从产品设计、制造、服务、维护直至产品回收整个过程的全面信息，支持实时的计算机虚拟仿真，通过计算机虚拟仿真环境对产品的各种属性进行设计、分析与仿真，以支持产品全生命周期内对产品设计、制造、销售、维护等多种活动的分析、评估与决策。

与传统的物理样机开发过程相比，基于数字化样机的开发过程可以极大地节省生产成本、节约时间，传统的产品开发流程与基于数字化样机的现代设计流程如图 3-1 所示。

随着数字化样机技术的出现，新产品用三维动态仿真技术将减少企业新产品试制周期和成本，可达到高效、快速、敏捷、直观、一次试制成型的目的。数字化样机设计流程如图 3-2 所示，总体分为模型建立、样机仿真、优化样机三部分。

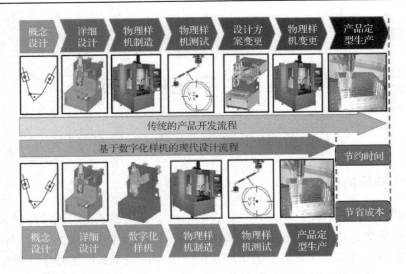

图 3-1　传统的产品开发流程与基于数字化样机的现代设计流程

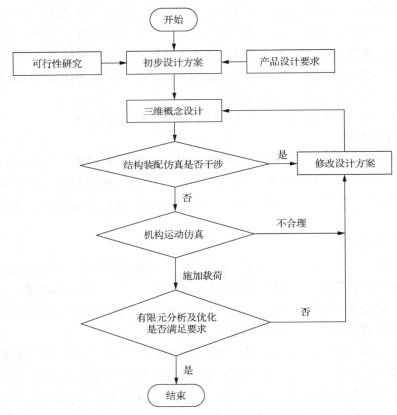

图 3-2　数字化样机设计流程

3.1.2　数字化样机的特点

（1）设计方法的完全数字化。产品在其生命周期内的数字化建模是现代产品设计方法的关键技术之一，在计算机上完成产品的开发，通过对产品模型的分析，改进产品设计方案，在数字状态下进行产品的虚拟制造与实验，然后再对设计进行改进或完善。设计方法的数字化包括：①对全局产品的信息定义，用计算机来支持产品生命周期的全过程；②产品的数字化工具，即广义的计算机辅助工具，它能将产品信息自动数字化；③产品数据管理，即用计算机对产品开发与生产全过程中的大量数字化信息进行全面的管理与控制。

（2）工作方式的并行协同化。产品开发工作方式要求在数据共享的基础上，采用团队工作模式，可在异地进行设计，有助于强强联合优势互补。现代产品的开发不再采用传统的串行工作方式，而是在并行工程的支持下进行异地协同设计，即集中不同地点、不同行业的专家几乎同时参与统一产品的开发设计工作，并且在产品设计的早期就全面考虑产品生命周期中的各种因素，尽可能减少重复、赢得时间，进而产生巨大的效益。进行异地并行设计要解决数据交换问题，采用基于网络协议的交换标准。

（3）产品表达的数字可视化。在实体造型技术成为 CAD 技术发展的主流的同时，科学可视化思想得到发展。即将信息转化成为图像，使不可见的变为可见的，让研究者能观察模拟过程与计算过程，获得更直观的研究效果。科学可视化思想使数字化样机仿真技术不断完善和升级，逐渐集成有限元分析、运动学与动力学仿真等功能，赋予了数字化样机技术更加广泛的意义。目前，多媒体技术和虚拟现实技术的介入，使产品表达真正实现了数字可视化的一般要求。

（4）具有真实性。数字化样机的目的是取代或精简物理样机，所以数字化样机必须具有与物理样机相同或者相似的功能、性能和内在特性，即能够在几何外观、物理特性以及行为特性上与物理样机保持一致，仿真模拟产品物理样机完成的各种加工、测试任务。

（5）多学科交叉性。复杂产品设计通常涉及机械、控制电子、流体动力、电磁场等多个领域，并且这些不同领域之间存在相互影响和作用。要想对产品的这些不同领域特性进行完整而准确的分析，必须将多个不同学科领域的子系统作为一个整体进行仿真，使数字化样机能够满足设计者进行全面的功能验证与性能分析的要求。

（6）无制造成本。数字化样机是根据产品开发过程中所有的技术数据在计算机中制作完成的，其特点是不需要制造成本，不仅能一直保持最新版本的设计方案，而且所有数据都可以进行保存、回溯和跟踪。利用先进的虚拟仿真技术，可以使用数字化样机取代物理样机来进行空气动力学分析、人机工程学研究、碰撞测试与市场调研等工作。

（7）绿色环保。由于数字化样机不像物理样机需要用实体材料进行加工制造，它直接在计算机中生成，所以它不会污染环境，自然是"绿色"的。

3.1.3　数字化样机的关键技术

数字化样机的关键技术以 CAX（如 CAD、CAE、CAM 等）和 DFX（面向产品生命周期各环节或某环节的设计）技术为基础，以机械系统运动学、动力学和控制理论为核心，融合虚拟现实技术、仿真技术、三维计算机图形技术等，将分散的产品设计开发和分析过程集成在一起，使产品的设计者、制造者和使用者在产品的早期就可以形象直观地进行产品原型设计优化、性能测试、制造仿真和使用仿真，为产品的研发提供全新的数字化设计方法[27]。数字化样机开发是把一个创意变成一个可以向客户推销的数字化产品原型的全过程，而向客户推销时，并没有开始真实的制造过程，在获得了客户的认同或订单后，才真正开始进行物理样机的制造，这样会大大降低产品研发的风险。数字化样机关键技术体系的构成如图 3-3 所示。为实现这个目标，产品数字化样机技术需要整合产品设计制造过程的多种工具和过程，建立起涵盖产品全生命周期的数字化设计与制造平台。

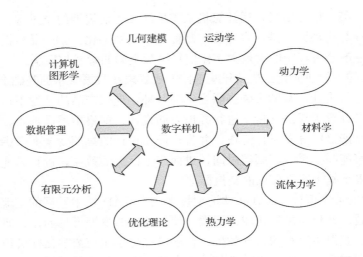

图 3-3　数字化样机关键技术体系

3.1.4　数字化样机的应用

1. 产品研发阶段

数字化样机模型能够支持总体设计、结构设计、工程分析、校核与优化、工艺设计等协同设计工作，能够支持项目团队的并行产品开发。结构方案设计、总体布置设计和生产详细设计从流程上是串行模式，但实施过程中是并行模式，这样有利于在设计初期做出正确判断，实现概念设计与详细设计的结合[28]。

数字化样机模型可以进行工程分析，通常包括空间结构分析、重量特性分析、运动分析和人机功效分析等。空间结构分析是分析数字化样机模型是否具有正确的构型、尺寸、运动关系、公差信息等，确保能够支持产品的干涉检查、间隙分析等，使设计者能够直观地了解样机中存在的问题。重量特性分析是分析数字化样机模型是否具备完整的位置、体积、质量等属性，以保证为设计提供正确的重量、重心、转动惯量等参数。运动分析是分析数字化样机模型是否具备正确的运动副、驱动类型、负载类型、阻尼与摩擦系数等信息，以保证设计师能够正确仿真产品的运动轨迹、包络空间、死点位置、速度、加速度、受力状况等动力学特性。人机功效分析是分析数字化样机模型是否具备该产品在使用中的人体姿态的相关信息，以保证该产品具有良好的人机特性，包括产品使用时的操控性、舒适性和维修性等。

数字化样机模型也可以为产品校核计算提供数据信息，通常包括几何属性、材料特性、失效准则、边界条件、载荷属性、温湿度等，从而为产品的整机或局部静力学、动力学、液压、温控、自控、电磁等多个领域提供校核计算的基础数据。数字化样机模型可进行产品整机、局部或原理模型的空间构型优化、机构优化、装配优化、多学科优化等，优化计算数据中包括优化目标、优化变量、边界条件、优化策略、迭代方式等。

2. 产品生产阶段

数字化样机可以提供产品装配分析的数据信息，包括装配单元信息、装配层次信息等，以保证对产品的装配顺序、装配路径、装配时的人机性、装配工序和工时等进行仿真，进而验证产品的可装配性，为定义、预测、分析装配误差技术要求提供必要的数据。数字化样机还可以为产品的工艺仿真和评估提供数据，包括加工方法、加工精度、加工顺序、刀具路径及信息等，从而实现对样机的 CAM 仿真和基于三维数字化样机的工艺规划。

3. 产品销售阶段

数字化样机可以为产品宣传提供逼真的动、静态数据，包括产品的渲染图片、产品结构、产品组成、工作过程、实现原理等宣传资料。数字化样机也可以为产品培训提供分解视图、原理图等动、静态数据，甚至包括虚拟现实环境下的产品虚拟使用与维修培训。数字化样机还能提供近似产品和快速变形与派生设计，以满足市场报价、快速组织投标和生产的需求。

3.2　数字化样机的运动学与动力学分析

3.2.1　数字化仿真分析的内涵

随着计算机技术的快速发展，数字化仿真分析技术是快速解决实际问题的重要手段之一。数字化仿真分析技术是基于计算机建模与仿真方法对工程或产品设计和制造过程的成本、外观、功能、性能、可制造性、安全可靠性及制造周期等指标进行分析和评价，从而为实际产品和工程的设计与制造提供参考依据及优化。

数字化仿真分析在实体尚不存在或者不易在实体上进行实验的情况下，通过对考察对象进行建模，用数学方程式表达出其物理特性，然后编制计算机程序，利用仿真模型来模仿实际系统所发生的运动过程并进行试验，在模拟环境下实现和预测产品在真实环境下的性能与特征(动态的和静态的)，通过考察对象在系统参数、内外环境条件改变的情况下，其主要参数如何变化，从而达到全面了解和掌握考察对象特性的目的。

数字化仿真包含从建模、施加负载和约束到预测在真实状况下的响应等一系列步骤。仿真技术综合集成了计算机、网络技术、图形图像技术、多媒体技术、软件工程、信息处理、自动控制、相似原理、系统技术及其应用领域有关的专业技术，是以计算机和各种物理效应设备为工具，利用系统模型对真实的或设想的系统进行动态实验研究的一门多学科的综合性技术，已经发展成为一门新兴的高科技技术。数字化仿真主要研究数字化在仿真方法、仿真语言、仿真技术、仿真计算机上的应用。

数字化仿真方法研究包括仿真算法、仿真模型的建立、仿真模型的误差及仿真算法的选择等[29]；仿真语言研究仿真的程序设计，是在高级语言的基础上建立起来的，近年来已有几十种仿真语言问世；仿真技术是并行处理的全数字仿真技术和模拟仿真中的寻优技术；仿真计算机研究仿真专用计算机的结构与特点。数字化仿真方法是一种综合了实验方法与理论方法二者的优势，但又具备自己独特之处的全新的研究方法，它在科学方法论体系中应有独立的地位。尽管数字化仿真方法中的系统模型建立的原则与数学方法中数学模型的建立原则基本相同，但是数字化仿真方法要比单纯的数学方法复杂得多，还需设计仿真模型、编制仿真程序、借助计算机系统完成高速求解和逻辑判断任务以及实施仿真实验。因此具有如下特点。

(1)通用性。仿真建模是通用的，能用来表示广大范围的实际系统。

(2)柔性。计算机建模是柔性的，可以很方便地修改以表示各种系统模型或更换信息。

(3)费用低。计算机仿真系统的使用可以在没有建成实际系统的情况下，通过仿真进行设计、分析或重新设计。

(4)整体性。计算机仿真技术允许在不对实际系统进行分割的情况下，对系统进行设计，分析或重新设计。

(5)完整性。计算机仿真可以在想象到的任何条件、参数、操作特性下进行。

3.2.2 数字化仿真分析的一般过程

无论哪种类型的仿真分析都是以系统数学模型为基础的,在一定假设条件下进行的信息处理过程,是在仿真基础上进行的实验研究的过程。数字化仿真分析包括系统、模型和计算机三个要素。数字化仿真分析的主要工作有:数字化仿真实验总体方案设计;仿真系统集成;仿真实验规范和标准制定;各类模型的建立、校核、验证及确认;仿真系统的可靠性和精确度分析与评估;仿真结果的认可和置信度分析等。概括地说数字化仿真分析包括系统模型和仿真模型的建立、仿真实验、分析三个基本部分,包括从建模到实验再到分析的全过程[30],具体步骤如图 3-4 所示。

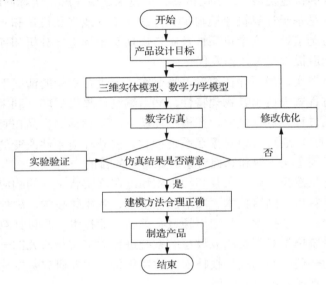

图 3-4　数字化仿真分析的一般过程

数字化仿真分析技术不仅为机械系统运动学与动力学分析提供方法,而且应用到设计、制造和加工的整个过程。在设计过程中反复改变虚拟模型,调整各种设计方案直到获得满意的性能,不仅缩短了产品的开发周期、降低了成本,还提高了产品质量。数字化仿真分析技术涉及多体动力学、计算方法与软件工程等学科,利用软件建立机械系统的三维实体模型、数学和力学模型,分析和评估系统的性能,从而为物理样机的设计和制造提供参数依据。借助这项技术,设计者可以在计算机上建立机械系统的模型,模拟在现实环境下系统的运动、动态和加工特性,并根据仿真结果进行优化设计。如图 3-4 所示,如果设计目标是一种新的方法,所获得建模和仿真结果通过实验验证;如果设计目标是一种新的产品则无法通过实验验证,首先通过在计算机上建立虚拟样机,然后进行修改和优化,最后制造出产品。

(1)建立仿真模型。在这一阶段中,通常是先分块建立子系统的模型。若为数学模型则需要进行模型变换,即把数学模型变为可以在仿真计算机上运行的模型,并对其进行初步的校验;若为物理模型则需要在功能与性能上覆盖系统的对应部分。然后根据系统的工作原理,将子系统的模型进一步集成为全系统的仿真实验模型[31]。

（2）仿真模型设计。将原始的数学模型通过一定方式转换成相应模拟电路或采用计算机语言可表示和操作处理的仿真模型，使其能在计算机上实现和运行。仿真模型反映的是系统模型和计算机间的相互关系，其核心表现为一种算法。由于算法设计存在着一定误差，因而仿真模型是实际系统的第二次简化（二级近似），通常是离散系统方框图或差分方程（离散方程）的形式。模拟模型由各种线性运算部件（运算放大器、加法器、积分器、系数器等）组成的物理模型构成。为了保证模型的运算精度，各部件的误差必须限制在一定的范围内。在数字化仿真中，仿真模型通常表现为一个近似的数值计算公式（仿真算法）。连续系统一般用微分方程描述；而离散系统一般用差分方程描述。常用的仿真算法有欧拉法、四阶龙格-库塔法、状态转换法等。混合仿真模型一般配置模拟计算机和数字计算机两个部分[32]，模型中的快速运算任务由模拟计算机承担，而逻辑推导和高精度计算任务则由数字计算机承担。并行仿真模型算法必须结合计算机硬件和软件的特点才能设计出来。目前的并行算法都是针对 SIMD 系统或 MIMD 系统的，且大多数倾向于 SIMD 系统。

（3）仿真程序编制。仿真模型在实际运行之前，必须编制相应的仿真程序，即计算机能够识别并执行的各种指令。编制的仿真模型程序必须进行调试，通过改变相关条件对计算结果进行分析、处理，从而检验仿真程序是否满足仿真实验的要求。由于各种语言在性能上存在差异，所以仿真程序（程序模型）是实际系统的第三次简化。模拟仿真程序的编制是指按照运算步骤设计框图，将相应运算部件的输入和输出连接起来，它们通常都被接到一个统一的排题板上，并依一定规律配置连接孔。数字仿真程序可按照各种专用或通用仿真语言如 CSMP、CSSL、SBASIC、GASPIV、ACSL 等进行编制，一般包括准备及输入程序段、运行程序段、运算程序段、存储程序段、输出程序段五大部分。混合仿真程序必须考虑混合软件快速响应和处理外部中断的能力，以确保数字计算机、模拟计算机以及中间接口三者在运算过程中同步；使两种类型计算机的程序设计语言保持一致，同时还应具备人对机器实行干预的功能。并行仿真程序必须考虑并行计算机硬件结构的特点，否则机器的效率将大受影响，例如，一些并行算法适合在阵列机上运行，而另一些却只适合在流水线向量机上运行。

（4）模型实验阶段。在这一阶段中，首先要根据实验目的制订实验计划、核实实验大纲，在计划和大纲的指导下，设计一个好的流程，选定待测量变量和相应的测量点，以及适合的测量仪表。之后转入模型运行，即进行仿真实验并记录结果。

（5）结果分析阶段。结果分析在仿真过程占有重要的地位。在这一阶段中需要对实验数据进行去粗取精、去伪存真的科学分析，并根据分析的结果做出正确的判断和决策。因为实验的结果反映的是仿真模型系统的行为，这种行为能否代表实际系统的行为，往往由仿真用户或熟悉系统领域的专家来判定。如果得到认可，则可以转入文档处理，否则，需要返回建模和模型实验阶段查找原因，或修改模型结构和参数，或检查实验流程和实验方法，然后再进行实验，如此往复，直到获得满意的结果。数字仿真语言是现代仿真工具，因其相对简单而被广泛采用。仿真语言最大的优点是软件相对独立于硬件装置，缺点是仿真速度不能满足实时仿真的要求。

3.2.3　数字化仿真分析技术

数字化仿真分析技术主要包括几何仿真分析技术和物理仿真分析技术。几何仿真分析主要从几何角度分析产品的运动状态、加工过程中干涉、碰撞及 NC 代码检验等。物理仿真分析主要分析产品物理特性，如结构力学(包括线性与非线性)、加工动力学、效力学、流体力学、电路学、电磁学等。而越来越多的发展需要结合不同的领域，如流体力学与结构力学的结合，电路学与电磁学的结合，应用也越来越广泛。

1. 几何仿真分析技术

任何一个机电产品零部件模型都可用几何模型和属性模型来描述。几何模型表示工件的几何形状、几何尺寸及各曲面的相对位置等；属性模型表示工件的物理属性、化学属性、管理信息等。几何仿真从纯几何角度出发，在仿真过程中将产品零部件看作刚体，不考虑质量、弹性变形等物理因素的影响。机电产品各个零部件之间的相互关系由上向下逐层分解的装配关系所决定，通过零部件之间的相对位置和装配关系的描述，反映部件之间的相互约束关系。产品零部件几何模型之间的约束关系包括三类：几何关系、运动关系和相容/排斥关系。几何关系主要描述零件以及部件间的几何元素(点、线、面)之间的相互关系，分为配合、对齐、偏置和接触四类；运动关系描述零部件之间存在的相对运动如直线运动、旋转运动的关系；而相容/排斥关系表示产品部件之间存在的相容和排斥关系，即某些部件允许在同一台机床中同时存在，而某些则存在排斥，不允许在同一台机床中同时出现[33]。

利用几何仿真，可以在计算机屏幕上逼真地显示产品整体和局部结构，从而使产品开发人员能够从不同角度、以不同的显示方式对产品进行研究和分析。通过模拟各个零部件之间的相互运动过程、装配和拆卸过程等，可以发现产品设计中可能存在的潜在碰撞和干涉错误。对发动机曲轴—连杆—活塞进行装配仿真，检验其装配过程可能产生的碰撞和干涉，有助于在产品设计阶段就发现发动机工作过程中可能存在的问题。图 3-5 是基于 Web 的车铣加工中心运动过程及干涉检查仿真的可视化显示。

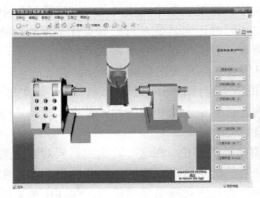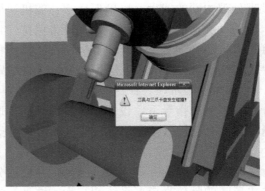

图 3-5　基于 Web 的车铣加工中心运动过程及干涉检查仿真的可视化

2. 物理仿真分析技术

物理仿真分析包括工程对象(如机械结构、船舶结构、大型承运结构等)的静动态、线性与非线性分析，温度场、热传导及热应力分析，磁场分析、流体场分析、电场分析及它们之间的耦合分析等。目的就是根据分析任务的多样性和复杂性，以及目标的多重性，从系统的角度出发，以数值方法为主要手段，通过对工程对象的设计、分析、咨询等，逐步实现知识的综合信息分析及优化。

大多数工程分析问题都具有多目标、多约束、多参数、多假定及模糊性的特点，如新产品的开发设计中，新的设计方案出台之后，方案的可行性、可靠性等方面的问题。若完全依靠实物模型实验，需要消耗大量的人力、财力和时间。借助计算机分析手段，根据不同的工程分析目的与要求，采用不同层次的分析方法，从而得到可行的满足工程需要的分析结果。

　　物理仿真分析使许多过去受条件限制无法分析的复杂问题，通过计算机数值模拟得到满意的解答，使大量繁杂的工程分析问题简单化，节省了大量的时间，避免了低水平重复的工作，使工程分析更快、更准确，在产品的设计、分析、新产品的开发等方面发挥了重要作用。

1）结构静力学分析

　　结构静力学分析用来分析由稳态外部载荷引起的系统或部件的位移、应力、应变和力。静力学分析很适合求解惯性及阻力的时间相关作用对结构响应的影响并不显著的问题。这种分析类型有很广泛的应用，如确定结构的应力集中程度，或预测结构中由温度引起的应力等。

　　静力学分析包括线性静力学分析和非线性静力学分析，如图 3-6 所示主轴的静力分析[34]。

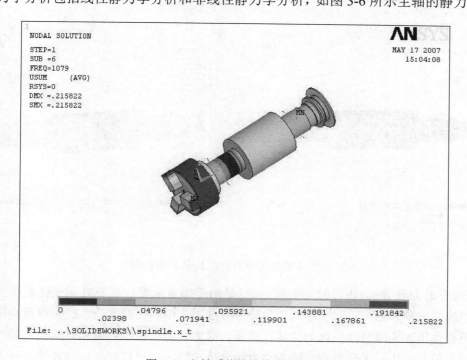

图 3-6　主轴系统的结构静力分析

　　非线性静力学分析允许有大变形、蠕变、应力刚化、接触单元、超弹性单元等。结构非线性可以分为几何非线性、材料非线性和状态非线性三种类型。

2）结构动力学分析

　　结构动力学分析一般包括结构模态分析、谐响应分析和瞬态动力学分析。

　　（1）结构模态分析用于确定结构或部件的振动特性（固有频率和振型）。它也是其他瞬态动力学分析的起点，如谐响应分析、谱分析等。模态提取方法有子空间（subspace）法、分块的兰索斯（blockLanczos）法等。如图 3-7 所示为车铣加工中心主轴的 1～4 阶模态振型。

　　（2）谐响应分析用于分析持续的周期载荷在结构系统中产生的持续的周期响应（谐响应），以及确定线性结构承受随时间按正弦（简谐）规律变化的载荷时稳态响应的一种分析方法，这种分析只计算结构的稳态受迫振动，不考虑发生在激励开始时的瞬态振动，其是一种线性分析，但也可以分析有预应力的结构。

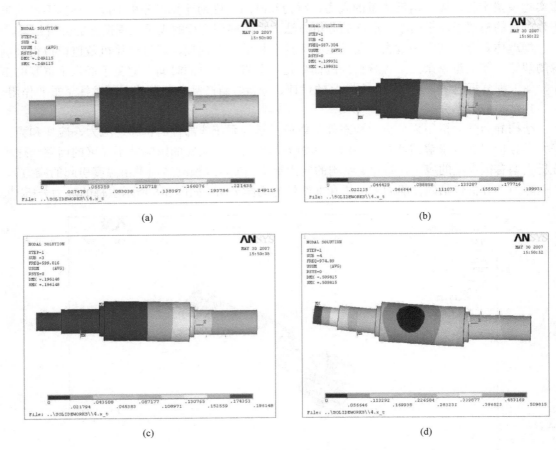

图 3-7　车铣加工中心主轴 1~4 阶模态振型

（3）瞬态动力学分析（也称时间历程分析）是用于确定承受任意随时间变化载荷的结构的动力学响应的一种方法。可用瞬态动力学分析方法确定结构在静载荷、瞬态载荷和简谐载荷的随意组合作用下的随时间变化的位移、应变、应力及力。由于载荷和时间的相关性，分析中惯性力和阻尼的作用比较重要。瞬态动力学分析主要采用直接时间积分方法，该方法功能强大，允许包含各种类型的非线性[35]。

3）热及热应力分析

热分析用于计算一个系统或部件的温度分布及其他热物理参数，如热量获取或损失，热梯度、热流密度（热通量）等。热分析在许多工程应用中具有重要的作用，如内燃机、涡轮机、换热器、管路系统、电子元件等。物体热分析包括热传导、热对流及热辐射三种传递方式，此外，在一些 CAE 软件中热分析还可包括相变分析、有内热源及接触热阻等问题的分析。热分析的有限元方法一般基于能量守恒原理的热平衡方程，计算各节点的温度，并导出其他热物理参数。热分析的有限元方法中，常用的初、边值条件有温度、热流率、热流密度、对流、辐射、绝热、生热等。

（1）稳态传热分析。在稳态传热分析中，系统的温度场不随时间变化。稳态传热分析用于研究稳定的热载荷对系统或部件的影响。稳态传热分析的有限元计算可以确定由稳定的热载荷引起的温度、热梯度、热流率、热流密度等参数。图 3-8 所示为考虑接触热阻后某一机床高速电主轴的稳态温度场分布。

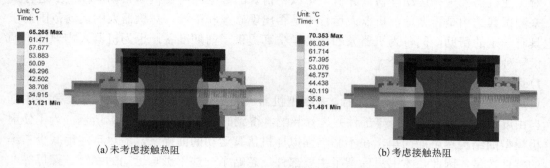

(a) 未考虑接触热阻　　　　　　　　　　　　　　(b) 考虑接触热阻

图 3-8　电主轴系统温度场分布

（2）瞬态传热分析。瞬态传热分析中，系统的温度场随时间变化明显。瞬态传热分析的有限元可以计算一个系统随时间变化的温度场及其他热物理参数。在工程中一般用瞬态传热分析计算温度场，并将其结果作为热载荷进行应力分析。

常见的热耦合分析有热-结构耦合分析、热-流体耦合分析、热-电耦合分析、热-磁耦合分析、热-电-磁-结构耦合分析。

4）其他分析

（1）电磁场分析。电磁场有限元分析方法可用来分析电感、电容、磁通量密度、涡流、电场分布、磁力线、力、运动效应、电路和能量损失等多方面的电磁场问题。

磁场分析的有限元公式由磁场的麦克斯韦方程组导出，在方程组导出过程中，考虑电磁性质关系，并将标量势或矢量势引入麦克斯韦方程组。有限元磁场分析一般提供各种线性和非线性材料表示方法，包括各向同性和各向异性的线性磁导率，材料的 **B-H** 曲线和永磁体的退磁曲线。另外，也能计算磁通密度、磁场强度、力、力矩、源输入能量、感应系数、端电压和其他参数。

电场有限元分析方法可用于分析研究电流传导、静电分析和电路分析，计算的典型物理量包括电流密度、电场强度、电势分布、电通量密度、传导产生的焦耳热、储能、力、电容、电流以及电势降等。电场有限元分析还可与结构、流体及热分析相耦合形成相应的分析方法，电路耦合器件的电磁场分析时，电路可直接耦合到导体或电源，同时也可涉及运动的影响。

（2）流体动力学分析。流体动力学分析内容一般包括层流或湍流分析、流体的传热与绝热分析、可压缩流或不可压缩流的分析、牛顿流体或非牛顿流体的分析、多组分输运分析等。

采用这些分析功能在工程应用中一般能解决以下问题：作用于气动翼型上的升力和阻力；超声速喷管中的流场；弯管中流体的复杂三维流动；发动机排气系统中气体的压力及温度分布；管路系统中热的层化及分离；热冲击的估计；电子封装芯片的热性能；多流体的热交换器的研究。

3.2.4　基于数字化样机的机器人运动学和动力学仿真分析

SolidWorks 与 ADAMS 二者之间存在无缝接口，导入方便。因此下面的模型采用 SolidWorks 建模，并利用适当的接口，导入 ADAMS 软件中，获得六自由度工业机器人的虚拟样机[36]。

1. 机器人运动学仿真分析

对工业机器人进行运动学仿真分析，可以将仿真的数据应用在机器人物理样机上进行调试，来测试其结构是否合适，机器人运行中是否出现碰撞和干涉，对机器人的运动范围的求取也具有一定的帮助，同时为机器人的动力学仿真提供了前期准备，也为机器人物理样机调试提供一种快捷、方便的途径。

1）运动学仿真步骤

（1）建立三维模型。设计机器人时，需要把机器人的三维模型建立起来，在三维软件中创建六自由度工业机器人的各个零部件并进行装配，得到的三维模型如图 3-9 所示，为了使虚拟样机模型的结构尽可能简单，在不影响虚拟样机仿真运动的前提下，应尽可能地减少三维模型的零件数量，因此，本书只保留了主要部件，忽略了一些不影响运动的螺钉、螺母等非关键零件，最终模型由底座、转塔、大臂、中臂、小臂、手腕、末端法兰、手爪及电机等组成。

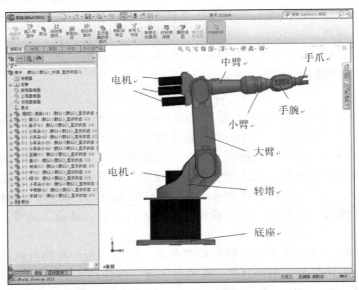

图 3-9　SolidWorks 建立的机器人模型

（2）导入三维模型。以 Parasolid 格式把三维模型导入 ADAMS 的步骤如下。

① 在 SolidWorks 中选择"文件"→"另存为"选项，保存类型选择 Parasolid 格式，单击"保存"按钮，得到一个 Parasolid 格式的图形文件。

② 在 ADAMS 中的文件菜单中，选择输入选项，然后选择所导入的 CAD 文件为 Parasolid 格式。在 File To Read 栏中右击 Browse 选择文件。

③ 输入虚拟样机模型以及它的名称。单击 OK 按钮，模型的导入过程就完成了。

由于 SolidWorks 中建立的机器人的三维模型是比较复杂的，直接在 ADAMS 环境中运行，会减缓其仿真分析的速度，另外对仿真结果的观察也不利。因此，在能达到虚拟样机完成仿真运动的要求的条件下，在模型导入 ADAMS 中之前可以对其中的零件做进一步的简化处理，经过简化以后，从 SolidWorks 导入 ADAMS 中得到的三维模型如图 3-10 所示。

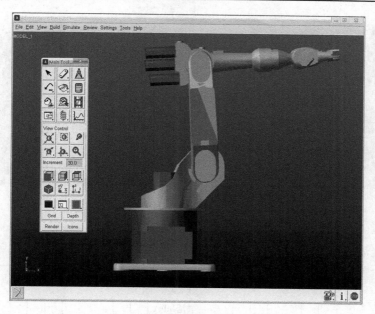

图 3-10　ADAMS 中的三维模型

（3）设置工作环境。单击设置菜单下 Coordinate System 选项，选择 Cartesian、313、Body Fix 选项，设置环境坐标系。

进入设置菜单中的 Gravity 选项，单击-Y 方框，设置重力加速度为默认值 9.80665，方向为 Y 轴负半轴方向。

进入设置菜单中的 Units 选项，设置长度单位为 m、质量单位为 kg、力的单位为 N、时间单位为 s、角度单位为（°），即 MKS 选项。

（4）添加约束和驱动。

在 ADAMS/View 中，给机器人模型上的各个部件进行运动约束：使用固定副把底座与地面固定连接起来；用转动副进行约束转塔和底座作为机器人第 1 个轴的回转中心；机器人 2 轴的回转中心是用转动副把大臂和转塔约束起来得到的；利用转动副来约束中臂和大臂作为机器人 3 轴的回转中心；靠转动副把小臂部分和中臂部分约束上来作为机器人 4 轴的回转中心；机器人 5 轴的回转中心是通过采用转动副约束手腕与小臂建立的；用转动副进行约束末端法兰和手腕得到机器人 6 轴的回转中心；各个电机与机器人对应部件用固定副进行连接。KUKA 机器人共有 14 个刚体，包括六个转动副和八个固定副。

添加好约束之后，需要在每个转动副上添加驱动，以达到使机器人能够按照期望的规律运动的目的。选择工具箱中的旋转驱动图标，单击相应的旋转副施加的位置即可完成旋转驱动的添加。

2）运动学仿真结果

设置仿真时间为 5s，仿真步数 300 步。利用 ADAMS/View 中的 Create Trace Spline 的计算功能，选择末端执行器的中心 Marker 点和 Ground，就可以得到机器人末端执行器相对于大地的运动轨迹如图 3-11 所示。

由图 3-12 可知，在设定的各关节驱动函数作用下，仿真得到的运动轨迹是一条光滑的曲线，表明机器人在运动过程中不会产生冲击，能够保证在工作中平稳运动。

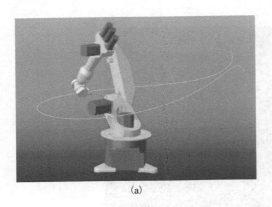
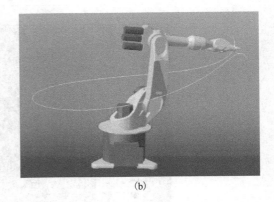

(a)　　　　　　　　　　　　　　　　　(b)

图 3-11　机器人的运动轨迹

　　仿真结束之后，可以观察到六个关节的位移随时间的变化，也可以进入 ADAMS 的后处理模块查看六个关节角度随时间的变化过程，如图 3-12 和图 3-13 所示。

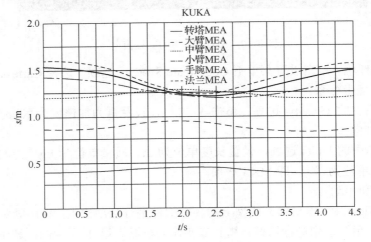

图 3-12　各个关节的角位移曲线

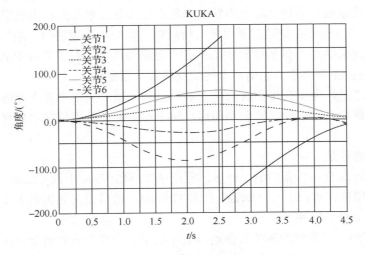

图 3-13　各个关节的位移曲线

　　从各连杆的关节角位移和线位移随时间的变化曲线仿真结果可以看出，在满足所规定的
轨迹规划的运行过程中，各个连杆的关节角位移和线位移在机器人运动过程中随时间的变化
较平稳，没有出现太大的突变，各个关节的角度变化也在规定范围内，能够达到机器人实际
工作的要求。

　　图 3-14 和图 3-15 为仿真后得到的机器人六个关节的角速度和线速度随时间的变化曲线。
由图 3-14 和图 3-15 可知，机器人各连杆的角速度和线速度曲线比较平滑，说明在运动过程中，
角速度及线速度变化比较平缓，符合实际工作需要。

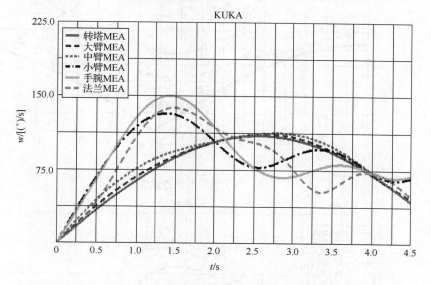

图 3-14　各个关节的角速度曲线

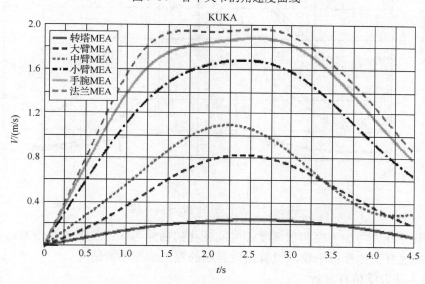

图 3-15　各个关节的速度曲线

图 3-16 和图 3-17 为仿真得到的机器人六个关节的角加速度和加速度的变化曲线。

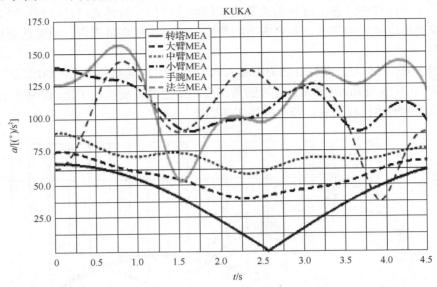

图 3-16　各个关节的角加速度曲线

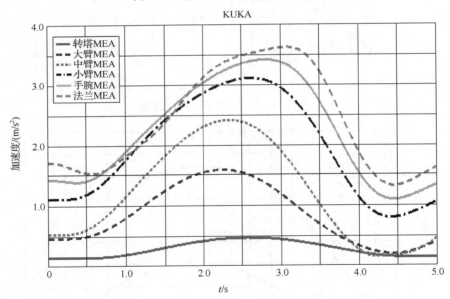

图 3-17　各个关节的加速度曲线

通过观察各杆件角加速度和加速度随时间变化的曲线可知：机器人在正常运行过程中，六个关节的加速度变化都很平稳，没有出现急剧的变大或变小的情况。

2. 机器人动力学仿真分析

机器人动力学仿真的主要任务是讨论、分析机器人运动与机器人关节受力和力矩之间的关系。当给机器人施加一定的负载，并以特定的速度和加速度运动时，需要确定驱动器为实现这种运动所需要提供的驱动力矩。动力学分析能够为提高机器人的动态特性提供依据，还可以为实现所需的运动控制提供参考。

1) 动力学仿真环境设置

(1) 添加摩擦力。机器人各个关节在实际运动过程中，都有摩擦现象存在，为达到实际情况的模拟效果，需要给各个关节添加摩擦系数。因此设置最大静摩擦系数和动摩擦系数。

(2) 添加负荷载重。在末端执行器上添加负荷，由于机器人的最大载重为 6kg，所以需要添加沿 Y 轴负方向的力(这里要除去安装的手爪的重力)，并选择机器人末端执行器的质心作为受力点。

2) 动力学仿真结果

设定仿真时间为 5s，运行 300 步，仿真完成后，可以得到工业机器人的六个关节所承受的力和力矩随时间的变化曲线，如图 3-18 所示。

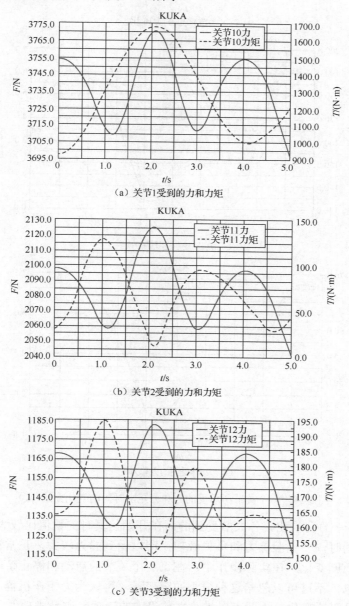

图 3-18　六个关节所承受的力和力矩随时间的变化曲线

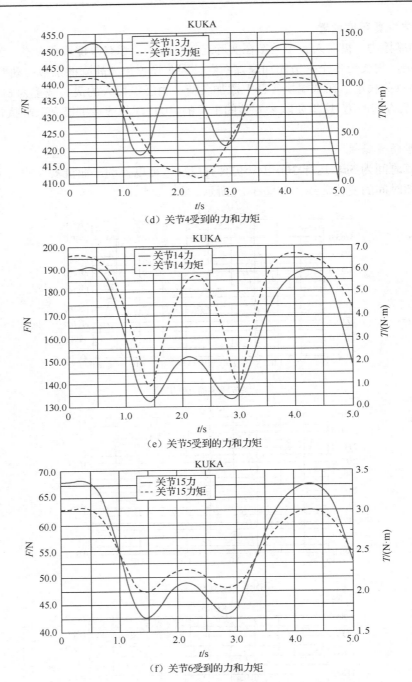

图 3-18　六个关节所承受的力和力矩随时间的变化曲线(续)

　　从图 3-18(a)～(f)可看出,各关节受到的力在开始仿真时的数值比较大,然后慢慢减小,这是因为在刚启动时,要克服重力和负载做功,所以受到的力较大,正常运行后就开始平稳变化,没有出现急剧变化。在实际操作中,在每一个关节的启动和停止阶段,也存在力矩在小范围的波动现象,不过可以忽略这种很小的突变量,可认为力矩在机器人整个运行阶段没有冲击载荷,都是平稳变化,由此可以推测之前设定的运动轨迹是成功的。

3.3　数字化样机的有限元分析

3.3.1　有限元法分析的基本思想

　　有限单元法(Finite Element Method，FEM)常称为有限元法，是力学和计算机技术相结合而逐步发展起来的，一种进行工程分析的强有力的数值计算方法，已经成为数学、物理以及多种工程领域的较通用的重要分析工具，具有灵活、快速、有效等特点。有限元法在工程上主要涉及机械设计与制造、材料加工、航空航天、土木建筑、电子电气、国防军工、船舶、铁道、汽车和石化能源等多个领域。可以利用有限元法来求解弹性(线性和非线性)、弹塑性或塑性问题(包括静力和动力问题)，求解各类场分布问题(流体场、温度场、电磁场等的稳态和瞬态问题)，求解管路、电路、润滑、噪声以及固体、流体、温度相互作用等问题。

　　有限元法的基本思想是把形状复杂的连续体离散化成有限个单元，且它们相互连接在有限个节点上，承受等效的节点载荷，然后根据平衡条件和精度要求，用有限个参数来描述单元的力学或其他特性，连续体的特性就是全部单元体特性的叠加；根据单元体之间的协调条件，可以建立方程组，联立求解就可以得到所求的参数特征。由于单元个数是有限的，节点数目也是有限的，所以称为有限元法。由于有限元法兼顾了差分法和里茨法的优点，同时又克服了各自的不足，因而具有更大的优越性和实用性。

3.3.2　有限元法分析的基本步骤

　　有限元法分析的核心是模型的构造和求解。机械结构有限元法分析的主要步骤如下[37,38]。

1. 结构的离散化

　　将分析的对象划分为有限个单元体，并在单元上选定一定数量的点作为节点，各单元体之间仅在指定的节点处相连。单元的划分，通常需要考虑分析对象的结构形状和受载情况。将所有作用在单元上的载荷(包括集中载荷、表面载荷和体积载荷)都按虚功等效的原则移植到节点上成为等效节点载荷。

　　为了提高有限元分析计算的效率，达到一定的精度，在进行结构离散化时，还应该注意以下几个方面的问题。

　　首先，在划分单元之前，有必要先研究一下计算对象的对称或反对称的情况，以便确定是取整个结构，还是部分结构作为计算模型。此外，节点的布置是与单元的划分互相联系的。通常集中载荷的作用点分布载荷强度的突变点、分布载荷与自由边界的分界点、支承点等都应该取为节点。并且，当结构是由不同的材料组成时，厚度不同或材料不同的部分，也应该划分为不同的单元。

　　其次，节点的多少及其分布的疏密程度(即单元的大小)，一般要根据所要求的计算精度等方面来综合考虑。从计算结果的精度上讲，当然是单元越小越好，但计算所需要的时间也会大大增加。另外，在计算机上进行有限元分析时，还要考虑计算机的容量。因此，在保证计算精度的前提下，应力求采用较少的单元。为了减少单元，在划分单元时，对于应力变化较大的部位单元可小一些，而在应力变化比较平缓的区域可以划分得大一些。单元各边的长度不要相差太大，以免出现过大的计算误差。在进行节点编号时，应该注意要尽量使同一单元的相邻节点的号码差尽可能小，以便最大限度地缩小刚度矩阵的带宽，节省存储，提高计算效率。

平面问题分析中，常用的单元类型有 3 节点三角形单元、4 节点矩形单元、4 节点四边形单元、6 节点三角形单元等(图 3-19)。常见的三维单元类型有四面体单元、六面体单元等。

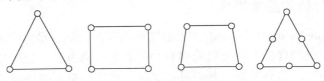

图 3-19　结构离散单元类型

2. 单元位移模式的选择

根据分块近似的思想，选择一个简单的函数来近似地构造每一单元内的近似解。位移模式的选择是有限元法分析中的关键。由于多项式的数学运算比较简单、易于处理，所以通常是选用多项式作为位移模式。

常见单元的形函数如下。

(1)杆单元。设两个节点的坐标为 x_i、x_j，形函数矩阵为

$$N = \begin{pmatrix} 1 & x \end{pmatrix} \begin{bmatrix} 1 & x_i \\ 1 & x_j \end{bmatrix}^{-1} \tag{3.1}$$

(2)平面三角形单元。设两个节点的坐标为 (x_i, x_i)，(x_j, x_j)，(x_k, x_k)，形函数矩阵为

$$N = \begin{pmatrix} 1 & x & y \end{pmatrix} \begin{bmatrix} 1 & x_i & y_i \\ 1 & x_j & y_j \\ 1 & x_k & y_k \end{bmatrix}^{-1} \tag{3.2}$$

(3)平面梁单元。设两个节点的位移参数为 x_i、x_j，形函数矩阵为

$$N = \begin{pmatrix} 1 & x & x^2 & x^3 \end{pmatrix} \begin{bmatrix} 1 & x_i & x_i^2 & x_i^3 \\ 1 & x_j & x_j^2 & x_j^3 \\ 0 & 1 & 2x_i & 3x_i^2 \\ 0 & 1 & 2x_j & 3x_j^2 \end{bmatrix}^{-1} \tag{3.3}$$

3. 单元刚度分析

通过分析单元的力学特性，建立单元刚度矩阵。首先利用几何方程建立单元应变与节点位移的关系式，然后利用物理方程导出单元应力与节点位移的关系式，最后由虚功原理或最小势能原理推出作用于单元上的节点力与节点位移之间的关系式。

4. 等效节点力计算

分析对象经过离散化以后，单元之间仅通过节点进行力的传递，但实际上力是从单元的公共边界上传递的。为此，必须把作用在单元边界上的表面力以及作用在单元上的体积力、集中力等，根据静力等效的原则全都移植到节点上，移置后的力称为等效节点力，根据虚位移原理，等效节点力所做的功与作用在单元上的集中力、表面力和体积力在任何虚位移上所做的功相等。

5. 整体结构平衡方程建立

建立整体结构的平衡方程也称为结构的整体分析，也就是把所有的单元刚度矩阵集合并

形成一个整体刚度矩阵，同时还将作用于各单元的等效节点力向量组集成整体结构的节点载荷向量。从单元到整体的组集过程主要依据两点：一是所有相邻的单元在公共节点处的位移相等；二是所有各节点必须满足平衡条件。对于离散化的弹性体有限元计算模型，首先求得或列出的是各个单元的刚度矩阵、单元位移列阵和单元载荷列阵。

在进行整体分析时，需把结构的各项矩阵表达成各个单元对应矩阵之和，同时要求单元各项矩阵的阶数和结构各项矩阵的阶数相同。对于平面问题，每个节点有 x, y 两个方向的自由度。引入单元节点自由度对应扩充为结构节点自由度的转换矩阵 G。

6. 引入边界约束条件

在上述组集整体刚度矩阵中，没有考虑整体结构的平衡条件，所以组集得到的整体刚度矩阵是一个奇异矩阵，尚不能对平衡方程直接进行求解。只有在引入边界约束条件、对所建立的平衡方程加以适当的修改之后才能进行求解。如果在整体刚度矩阵、整体位移列阵和整体节点力列阵中对应去掉边界条件中位移和转角为 0 的行和列，将会获得新的减少了阶数的矩阵，达到消除整体刚度矩阵奇异性的目的。

7. 求解未知的节点位移及单元应力、应变

引入边界条件，消除了整体刚度短阵奇异性的有限元方程组，根据方程组进而求得节点位移。

静态有限元分析的计算结果主要包括位移和应力、应变。

3.3.3　ANSYS 软件简介

ANSYS 软件是美国 ANSYS 公司研制的大型通用有限元分析软件，能与多数 CAD 软件接口，实现数据的共享和交换，如 Pro/E、NASTRAN、Algor、I-DEAS、AutoCAD 等。在核工业、铁道、石油化工、航空航天、机械制造、能源、汽车交通、国防军工、电子、土木工程、造船、生物医学、轻工、水利、日用家电等领域有着广泛的应用。ANSYS 主要是对静力学、屈曲、模态、瞬态、谐响应以及热固耦合等进行分析。其中，静力学分析的基础是求解静力载荷作用下结构的位移和应力；动力学分析的基础是模态分析。

1. ANSYS 软件分析模块

ANSYS 软件主要包括三个部分：前处理模块、分析计算模块和后处理模块。

(1)前处理模块：提供了一个强大的实体建模、网格划分及施加载荷工具，用户可以方便地构造有限元模型。

(2)分析计算模块：包括结构分析（可进行线性分析、非线性分析和高度非线性分析）、流体动力学分析、电磁场分析、声场分析、压电分析以及多物理场的耦合分析，可模拟多种物理介质的相互作用，具有灵敏度分析及优化分析能力。

(3)后处理模块：可将计算结果以彩色等值线显示、梯度显示、矢量显示、粒子流迹显示、立体切片显示、透明及半透明显示（可看到结构内部）等图形方式显示出来，也可将计算结果以图表、曲线形式显示或输出。

2. ANSYS 软件分析步骤

(1)定义单元类型。包括结构线单元、梁单元、实体单元、壳单元、管单元等。

(2)定义单元实常数。单元实常数是依赖单元类型的特性，如梁单元的横截面特性。

(3)定义材料属性。绝大多数单元类型需要材料特性。根据应用的不同，材料特性可以是

线性的和非线性的。

(4)创建几何模型。

(5)对实体模型划分网格。形成有限元单元、节点,从而得到有限元分析模型。

(6)施加载荷。针对不同的分析类型,施加不同的载荷。

(7)求解。包括正向直接解法、稀疏矩阵直接解法、雅可比共轭梯度法、预条件共轭梯度法等。

(8)结果的后处理。

3.3.4　基于数字化样机的盾构机滚刀有限元分析

1. 双刃盘形滚刀模态分析

通过对双刃滚刀进行模态分析,能够获得刀具的固有频率和振型,在滚刀的设计过程中有效地避开固有频率或减小对这些频率的激励,从而减少振动带来的不利影响,提高刀盘的破岩效果。

1)建立三维模型

本书采用 Pro/E5.0 软件对直径为 432mm 的双刃滚刀进行了三维建模,其三维实体模型如图 3-20 所示。

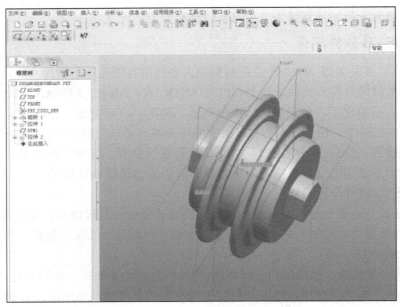

图 3-20　双刃滚刀的三维模型

2)有限元分析设置

本书将已建立好的双刃滚刀三维模型以 Parasolid 格式导入 ABAQUS 中进行分析,对模型添加约束、滚刀材料、网格划分等条件后,最终求解模态,具体步骤如下。

(1)定义材料属性:双刃滚刀的材料为 40CrNiMoA,根据双刃滚刀所用材料的特性,定义材料属性中的弹性模量为 E=180GPa,泊松比 μ=0.31,密度为 ρ=7850kg/m^3。

(2)定义单元类型:划分滚刀模型网格时,单元类型采用三维 8 节点的缩减积分单元(C3D8R)。

　　(3)网格划分：综合考虑计算时间和精度，将滚刀模型划分为 6250 个单元，如图 3-21 所示。

　　(4)施加约束：固定滚刀两端作为所施加的约束。此外，对于模态分析，需要在相应位置施加位移约束，此次仿真所加位移约束为 x，y，z 方向值均为 0。

　　(5)模态分析：选择模态提取方法，取前 6 阶模态进行仿真研究，执行求解操作。

图 3-21　双刃滚刀有限元模型

3)模态仿真与分析

　　利用 ABAQUS 软件对双刃滚刀进行模态分析，可以得到各阶模态固有频率和主振型，取其前 6 阶模态，相对应的振型图如图 3-22 所示。

(a)1 阶振型

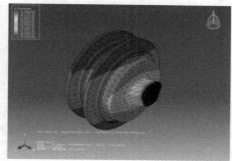

(b)2 阶振型

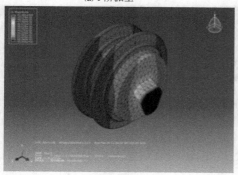

(c)3 阶振型

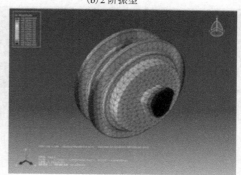

(d)4 阶振型

(e)5 阶振型

(f)6 阶振型

图 3-22　双刃滚刀振型图

通过前 6 阶振型图可以得到双刃滚刀的前 6 阶固有频率和主振型，如表 3-1 所示。通过表 3-1 可以在滚刀工作时尽量避开固有频率，以减小工作过程中的强烈振动对刀具的破坏，提高刀具的工作寿命，还可以为刀具的优化设计提供一定的参考依据。

表 3-1　双刃滚刀前 6 阶固有频率和振型

阶数	固有频率/Hz	主振型
1	789.63	上下并前后摆动
2	2066.9	前后摆动
3	2074.8	上下摆动
4	2711.5	前后摆动
5	2738.0	上下摆动
6	3340.1	上下并前后摆动

2. 双刃盘形滚刀静力学分析

本书利用 ABAQUS 软件对双刃滚刀单独受径向力、单独受切向力以及受径向力和切向力共同作用三种情况进行了静力学仿真分析，最终得出了刀具的最大应力和最大应变以及它们的分布情况。

双刃盘形滚刀静力学分析的三维模型和有限元分析步骤与其模态分析类似，此处不再赘述。双刃滚刀单独受径向力、单独受切向力以及受径向力和切向力共同作用三种情况的静力学有限元仿真分析结果如图 3-23 和图 3-24 所示。

(a) 径向力　　　　　　　　　　(b) 切向力　　　　　　　　　　(c) 径向力和切向力

图 3-23　滚刀的应力图

(a) 径向力　　　　　　　　　　(b) 切向力　　　　　　　　　　(c) 径向力和切向力

图 3-24　滚刀的应变图

　　由图 3-23 和图 3-24 可知,径向力单独作用时,滚刀的最大应力和最大应变均发生滚刀切入岩石 4mm 附近的位置;切向力单独作用时,滚刀的最大应力和最大应变均发生在破岩附近刀圈的最顶端;径向力和切向力共同作用时,滚刀的最大应力分布在刀轴上,最大应变发生在刀圈最顶端,分布范围较大。

　　该实验所加载荷条件下,双刃滚刀在单独受径向力、单独受切向力以及受径向力和切向力共同作用三种情况下的最大应力均小于材料的屈服强度,刀具满足强度要求;并且切向力对滚刀最大应力的作用效果明显比径向力的作用效果大。

第4章 数字化加工仿真技术

4.1 数字化加工仿真概述

加工仿真就是在计算机中进行模拟加工,是虚拟制造的重要组成部分。在实际加工中,各种状态参数(如切削力、温度、振动等)以及加工过程中刀具、机床、工件的位置和状态,既可以通过各类传感器实时获取监测,也可以通过建立数学物理模型进行预测。通过传感器获得的监测数据能够识别加工中的异常情况,但是难以提前消除加工故障引起的刀具和机床损坏、工件报废以及传感器失效。如在加工模型建立好的前提下进行加工,就可以在选择合适的工序和加工参数的基础上进行工艺设计,保证加工的平稳进行和工件加工质量,兼顾加工效率。因此,建立合适的加工模型和仿真是十分重要的环节。

按照加工形式,加工仿真可以分为车削仿真、铣削仿真、钻削仿真、五轴加工仿真等。按照加工仿真的应用目的可以分为几何仿真和物理仿真。

加工过程的几何仿真技术主要进行刀具切削过程的可视化实现、NC 程序的自动生成与验证过程。内容包括工件与切削刀具的几何建模、刀具轨迹的规划设计、切削路径检验、NC 程序的自动生成与校验等。研究方法主要应用复杂的几何建模理论,以一定的数据结构表达刀具与工件的几何模型,并由数学运算实现切削加工过程中的余量去除过程,具体的实施方法包括直接实体建模法、光线表达法、离散矢量法和空间分割法等。目前技术的发展,数字制造环境中进行几何仿真过程的开发已不用深入研究复杂的几何建模理论与实体求交的数据结构和计算方法,可由专业的 CAD/CAM 软件,如 Pro/E、UG、VERICUT 等建立切削刀具、工件和机床几何模型,选择加工工序,自动生成切削刀位轨迹和 NC 加工程序,图形仿真刀位轨迹和切削加工过程。有关几何仿真的几大软件平台及关系如图 4-1 所示。

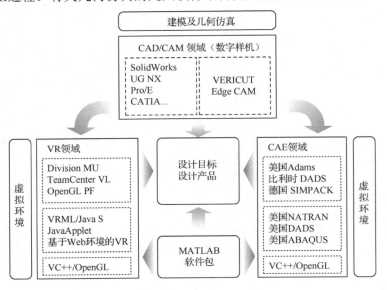

图 4-1　计算机建模与几何仿真相关软件平台

　　关于加工物理仿真，目前主要集中在切削过程中的力学仿真、热力学仿真、动力学仿真、加工变形仿真、加工表面形貌仿真、参数优化仿真等。这些仿真技术都需要以加工的实验数据和数学模型为基础。其中，切削力是金属切削的主要关注对象，其大小直接影响工件加工质量和刀具磨损，过大的切削力甚至会引起刀具的崩刃和加工的不稳定。而加工的动力学特性直接表征机床的加工能力，是衡量机床精度和加工效率的重要特性。加工变形主要针对特殊形式的零件毛坯，如薄壁件和型腔等工件，通过加工变形仿真可以提前预知变形量，在实际加工时进行加工补偿。表面形貌仿真有助于提前预知特定加工参数下的微观表面特征，从而依据加工要求调整合适的加工参数。关于参数优化方面，可以将前述仿真结果作为约束条件，以加工时间、去除率、刀具为目标函数，通过优化算法寻找最优参数。

　　总之，加工仿真可以应用于加工中的各个方面，起着十分重要的作用。接下来将按顺序以实例说明几何仿真和物理仿真的步骤。

4.2　数控加工几何仿真

4.2.1　曲面加工的刀具轨迹可视化仿真

　　零件加工的刀具轨迹分析、数控程序的编制和优化均为几何仿真。据第 2 章的介绍，UG 是一个可以实现各种复杂实体及造型建构的交互式 CAD/CAM 系统[39]，其加工基础模块为零件的加工编程及后处理等提供技术支持。本节将介绍在 UG NX 加工环境下的叶片加工刀具轨迹的生成及其仿真验证。

　　如图 4-2 所示为叶片的三维模型。根据其叶形特点，可划分不同的加工工序。这里重点关注叶片主体部分的粗加工、半精加工和精加工。图 4-3 为利用 UG NX12.0 的 CAM 模块编制数控程序的大致流程。

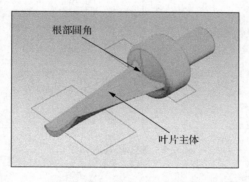

图 4-2　叶片的 UG 三维模型

　　如图 4-4 所示，进入 UG NX 的加工模块，选择 cam_general 配置，创建 mill_multi-axis 的 CAM 组装。

1）叶片的粗加工

　　进入加工模块后，将 RCS 与 MCS 重合，并依次对工作坐标系（WCS）、安全距离等项目进行设置。完成粗加工工序刀具创建的相关设置，其中各参数严格按照刀具技术指标输入。刀柄信息根据加工中心配套使用的刀柄进行设置。上述步骤分别如图 4-5 和图 4-6 所示。

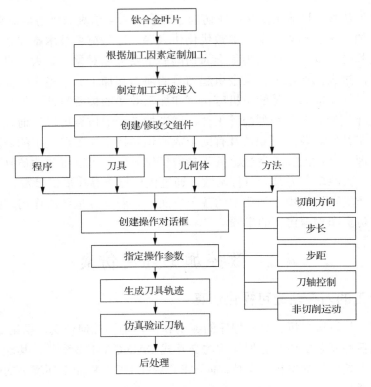

图 4-3　基于 UG NX 的叶片 CAM 流程

图 4-4　加工环境对话窗口

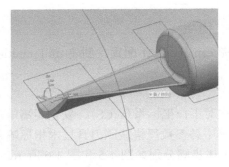

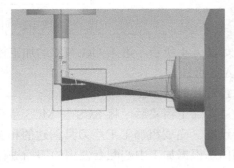

图 4-5　在模型中建立加工坐标系　　　　　图 4-6　刀具与工件的相对位置

在创建工序过程中，选择 mill_contour 中的"型腔铣"的工具子类型，使用已建立好的刀具，创建工序。

在几何体设置中，指定叶片模型为对应的部件，设定毛坯件为包容圆柱体，如图 4-7 所示。如图 4-8 所示选择正确的切削区域。根据实际加工需要，"刀轴"选择为"+ZM 轴"；其中，"刀轨设置"选择 MILL_ROUGH 的方法，以及"跟随部件"的切削模式，此外参照实际加工经验，选择合适的切削层参数。

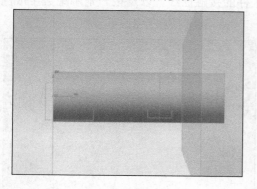

图 4-7　选择毛坯

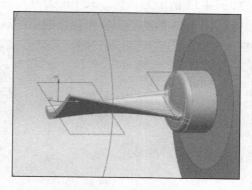

图 4-8　指定切削区域

完成相关的设置，即可生成刀具轨迹，如图 4-9 所示。执行刀轨可视化，如图 4-10 所示，可直接观察其三维动态加工过程，如图 4-11 所示为刀具轨迹执行过程与加工后的表面。

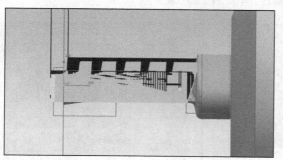

图 4-9　粗加工叶片的刀具轨迹

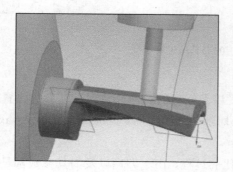

图 4-10　刀轨可视化（粗加工）

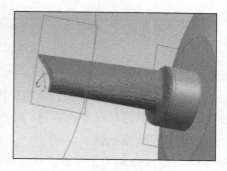

图 4-11　粗加工完成后的表面

2)叶片的半精加工

半精加工是为了使粗加工后参差不齐的残留面变得相对平滑，为后续的精加工提供最佳的加工条件。半精加工使用整体合金铣刀，按照刀具实际的尺寸信息，创建刀具。该工序选择的加工类型为 mill_multi-axis，子类型为"可变流线铣"，选择对应的刀具，创建工序文件。此外，在半精加工中的刀轴设置选择"4 轴，垂直于驱动体"。

如图 4-12 所示为该种方式下的刀具与被加工件的接触曲线，以及按一定步距数生成的刀具轨迹。图 4-13 为动态刀轨可视化的截图。

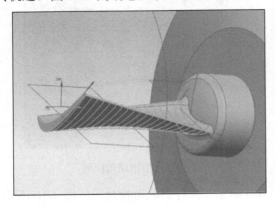 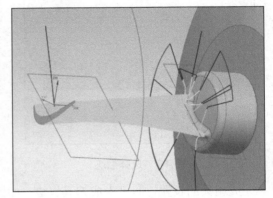

图 4-12　半精加工的刀具轨迹

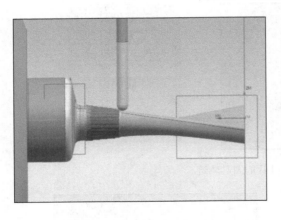 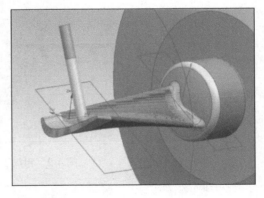

图 4-13　半精加工的刀具轨迹可视化

3)叶片的精加工

精加工是为了获得尽可能低的表面粗糙度以及较好的表面光洁度。在参数设置方面类似于半精加工，区别在于刀具尺寸的不同，以及切削参数的区别。在选择 mill_multi-axis 类型的基础上，仍然采用可变流线铣。

如图 4-14 所示为精加工工序的刀轨可视化的过程，由于刀柄以及刀具参数都是按照实际使用到的参数给定的，所以在生成程序并进行三维动态演示时选择"IPW 碰撞检查"和"检查刀具与夹持器"可检查是否有碰撞或者其他干涉，以保证加工的顺利进行。

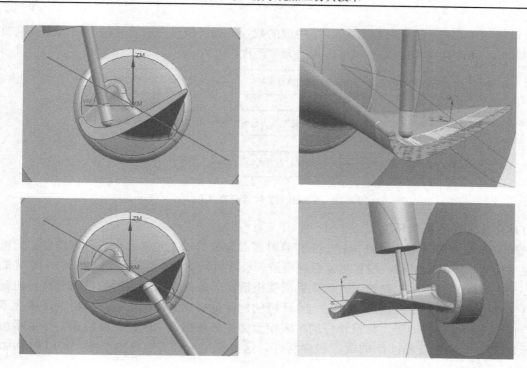

图 4-14　精加工过程的刀轨可视化

4.2.2　叶片的多轴车铣加工模拟仿真

4.2.1 节根据 UG NX 执行了叶片曲面部分不同加工工序的刀具轨迹的可视化环节，经与实际加工数控系统相匹配的后处理，即可生成对应于各工序的数控代码，用以实际加工[41]。图 4-15 所示为依据叶片加工的刀具轨迹和经后处理得到的数控程序代码进行程序优化和加工几何仿真的流程。

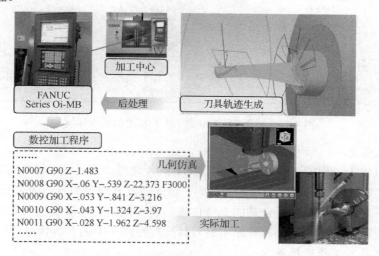

图 4-15　基于刀具轨迹的数控程序优化流程示意

VERICUT 软件面向数控车削、铣削、多轴、车铣复合以及机器人加工等能提供高真实度的机械加工过程仿真，已经广泛应用于航空航天、船舶、汽车、能源等多行业[40]。因此，本节基于该软件的 CAM 环境来验证 4.2.1 节生成的数控代码，最终完成叶片的多轴车铣模拟加工。如图 4-16 所示为 VERICUT 软件仿真的大致流程。

图 4-16 VERICUT 软件仿真流程

1)建立仿真用的机床环境

机床文件是 VERICUT 软件执行加工仿真时需要配置的加工元素之一。机床模型的配置主要包括构建机床拓扑结构、配置机床组建模型、设置机床参数。这里采用 TH5650 立式加工中心来完成叶片的多轴车铣加工，该项目需要根据实际条件来配置合适的机床文件。在新的项目文件中，仿真所用的机床(加工中心)环境的构建是必要的。在机床结构树下，依次添加进给传动链和主轴传动链，将设计好的机床模型文件分别插入。此外，在机床文件中添加与实际加工时数控系统相匹配的数控程序文件，这里采用 FANUC 数控系统。可以得到如图 4-17 所示的加工中心模型。

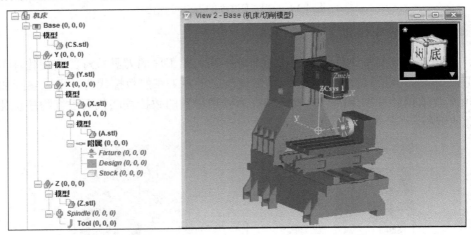

图 4-17 根据 TH5650 加工中心构建的机床环境

2)构建刀具信息

刀具是模拟加工过程的必须要素，VERICUT 软件通过"刀具管理器"对加工刀具进行全面的管理。通过刀具管理器构建刀具的流程为：新建刀具并编制刀号或命名→确定刀具类型，设置几何参数→建立刀柄→设置合理的夹持位置。将不同的刀具参数输入刀具库中，并分别将不同的刀具依次命名，以保证刀具库中的刀具与数控程序中的刀具代号一致。

3)设置毛坯及其工作坐标系

在机床的"附属>stock"中插入毛坯模型，与实际加工的尺寸一样，并设置其工作坐标系。如图 4-18 所示为插入的毛坯，为了保证仿真的准确度，与实际加工的装夹方式务必保持一致。

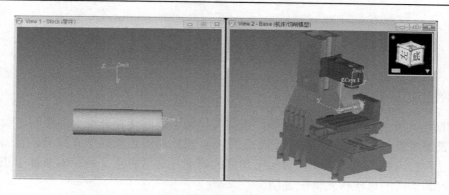

图 4-18　毛坯设置情况

4) 加工模拟及实验验证

确认 UG NX 生成的刀具轨迹，经合理的四轴加工中心后处理可输出各工序的数控程序，依次将数控程序文件导入 VERICUT 中。重置模型，即可按照导入的数控程序顺序进行对毛坯的虚拟加工。

图 4-19～图 4-21 分别为叶片的粗加工、半精加工和精加工的几何仿真执行过程。在模拟加工过程中，若出现干涉或者过切等现象问题，则系统会警示提示寻找问题根源。根据 VERICUT 软件的高真实度的加工过程几何仿真，验证了编制的数控程序，检验了切削过程中出现的干涉、过切欠切等问题，但经过一些参数的修正和检查将碰撞问题全部排查，起到了优化加工程序的目的。

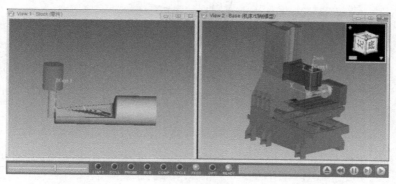

图 4-19　叶片粗加工过程的几何仿真情况

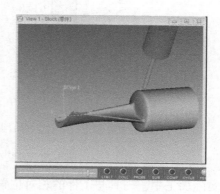

图 4-20　叶片半精加工过程的几何仿真情况　　　图 4-21　叶片精加工过程的几何仿真情况

4.3　数控加工物理仿真

4.3.1　数控加工切屑形状仿真

切屑的形状和大小对加工中的颤振、切削力、切削温度等都有重要的影响，会进一步影响工件的表面质量、刀具的使用寿命和加工效率。根据切屑形状的仿真结果，有助于更好地掌握切削过程的内在规律。因此，对加工切屑的研究是非常有意义的。本节基于正交车铣加工过程，对其切屑的形状仿真情况说明。

正交车铣因其独特的加工优势常作为一些复杂零部件的工艺选择，其整个加工过程是由刀具和工件的同时旋转而实现的，如图 4-22 所示。在切削过程中，可将铣刀上的切削区划分为两个部分[44]，即圆周刃切削区和端面刃切削区。而切屑厚度总是沿着切削进给方向。如图 4-22(b) 所示为铣刀上圆周刃切削区(区域 $bdef$)和端面刃切削区(区域 abc)。其中，圆周刃切削区的切深为 $a_p(\phi)$，圆周刃切削的切屑厚度为 $h_p(\phi)$，端面刃切削区的切深为 $a_f(\phi)$，端面刃切削的切屑厚度为 $h_f(r',\phi)$，它们都是铣刀转角 ϕ 的函数。

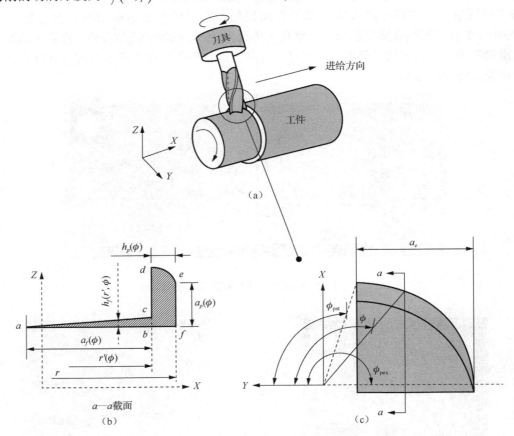

图 4-22　正交车铣加工的切削区示意

在实际加工中，刀具与工件的相对位置会影响到切屑的形状和加工质量。二者之间的相对位置关系用偏心量来表示。根据有无偏心，可以分为如下两种情况建立切屑形状模型并进行仿真。

1）无偏心切屑模型

圆周刃的切屑厚度 $h_p(\phi)$ 和切屑深度 $a_p(\phi)$ 为

$$\begin{cases} h_{p1}(\phi) = -f_z\cos(\phi+r) + r - \sqrt{r^2 - (f_z\sin(\phi+r))^2}, & \phi_{\text{pst}} \leqslant \phi \leqslant \phi_m \\ h_{p2}(\phi) = r - \dfrac{r-w}{\sin(\phi+r)}, & \phi_m \leqslant \phi \leqslant \phi_{\text{pex}} \\ a_p(\phi) = a_{pp} - R - \sqrt{R^2 - r\cos\phi} \end{cases} \tag{4.1}$$

式中，$h_{p1}(\phi)$、$h_{p2}(\phi)$ 分别为圆周刃的第 1、2 段切削厚度；ϕ_{pst}、ϕ_{pex} 分别为切入角、切出角；ϕ_m 为切屑厚度达到最大值时的铣刀圆周刃的转角。

端面刃的切屑厚度 $h_f(\phi)$ 和切屑深度 $a_f(\phi)$ 为

$$\begin{cases} h_{f1}(r',\phi) = \left(r'(\phi)\cos\phi - (R - a_p)\tan\dfrac{\Delta\theta_z}{2} \right)\tan(\Delta\theta_z) \\ h_{f2}(r',\phi) = \sqrt{R - a_{pp} - (r'(\phi)\cos\phi)^2} - (R - a_{pp}) \\ a_{f1}(\phi) = r - \dfrac{r-w}{\sin(\pi - \phi + \gamma)} - f_z\cos(\phi+\gamma) + r - \sqrt{r^2 - (f_z\sin(\phi+\gamma))^2} \\ a_{f2}(\phi) = (R - a_{pp})\tan\left(\dfrac{\Delta\theta_z}{2}\right) / \cos(\pi - \phi + \gamma) - \dfrac{r-w}{\sin(\pi - \phi + \gamma)} \end{cases} \tag{4.2}$$

2）有偏心切屑模型

偏心量用 e 表示。圆周刃的切屑厚度 $h'_p(\phi)$ 和切屑深度 $a'_p(\phi)$ 为

$$\begin{cases} h'_{p1}(\phi) = -f_z\cos(\phi+r) + r - \sqrt{r^2 - (f_z\sin(\phi+r))^2}, & \phi_{\text{pst}} \leqslant \phi \leqslant \phi_{\text{pex}} \\ a'_p(\phi) = a_{pp} - R + \sqrt{R^2 - (r\cos(\phi) + e)} \end{cases} \tag{4.3}$$

端面刃的切屑厚度 $h'_f(\phi)$ 和切屑深度 $a'_f(\phi)$ 为

$$\begin{cases} h'_f(r',\phi) = \left(\dfrac{f_w}{2} - e - (r'(\phi)\cos\phi) \right)\tan(\Delta\theta_z) \\ a'_f(\phi) = f_z\cos(\phi+\gamma) + \sqrt{r^2 - (f_z\sin(\phi+\gamma))^2} - \dfrac{f_w - 2e}{2\cos\phi} \end{cases} \tag{4.4}$$

上述模型中的字母物理含义如表 4-1 所示。

表 4-1　切屑模型中字母表示及物理含义

符号	物理意义	符号	物理意义
w	切削宽度	f_z	每齿进给量
θ	工件转角	ϕ	刀具转角
n_1	刀具转速	n_2	工件转速
R	工件半径	r	刀具半径

选取合理的仿真参数，可得切屑形状的仿真结果，如图 4-23 所示。

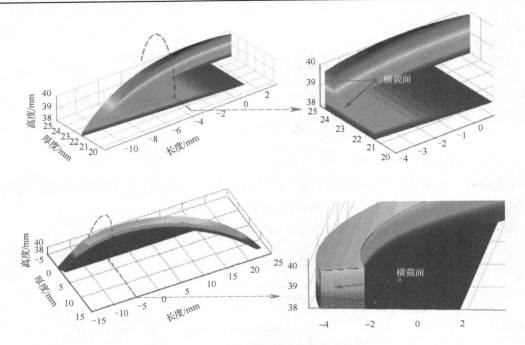

图 4-23　正交车铣切屑形状的仿真结果

（仿真参数：$R = 40\text{mm}, r = 10\text{mm}, a_{pp} = 2\text{mm}, w = 4\text{mm}, f_z = 0.5\text{mm/z}, n_1 = 20\text{r/min}, n_1 = 4000\text{r/min}$）

4.3.2　数控加工过程力学仿真

　　目前常用的切削力仿真主要有经验公式法、解析法、有限元法、力学方法等。对切削力进行仿真本质上是对切削力的规律进行总结，建立模型。根据金属切削的力学原理得到普遍意义上的切削力模型为

$$\begin{cases} F_t = K_{tc}bh + K_{te}b \\ F_r = K_{rc}bh + K_{re}b \\ F_f = K_{fc}bh + K_{fe}b \end{cases} \tag{4.5}$$

式中，下标 t、r、f 分别为切向、法向和进给方向；c、e 为剪切力和刃口力；字母 K 为切削力系数；b、h 为切厚和切深。式 (4.5) 可根据不同刀具几何关系和运动方式作适当的变形以适应特定的数控加工方式[42,43]。下面以圆柱螺旋立铣加工为例进行仿真说明。

　　由于圆柱螺旋立铣加工时属于斜角加工，不仅要考虑斜角对切削力的影响，还要将切削力沿轴向离散求解再求和。切削力的轴向离散如图 4-24 所示。

　　根据式 (4.5) 可得铣削微元力的表达式：

$$\begin{cases} \mathrm{d}F_{t,j}(\phi,z) = [K_{tc}h_j(\phi_j(z)) + K_{te}]\mathrm{d}z \\ \mathrm{d}F_{r,j}(\phi,z) = [K_{rc}h_j(\phi_j(z)) + K_{re}]\mathrm{d}z \\ \mathrm{d}F_{a,j}(\phi,z) = [K_{ac}h_j(\phi_j(z)) + K_{ae}]\mathrm{d}z \end{cases} \tag{4.6}$$

　　再将各向铣削力投影至 x, y, z 方向，可得

$$\begin{cases} \mathrm{d}F_{x,j}(\phi_j(z)) = -\mathrm{d}F_{t,j}\cos\phi_j(z) - \mathrm{d}F_{r,j}\sin\phi_j(z) \\ \mathrm{d}F_{y,j}(\phi_j(z)) = +\mathrm{d}F_{t,j}\sin\phi_j(z) - \mathrm{d}F_{r,j}\cos\phi_j(z) \\ \mathrm{d}F_{z,j}(\phi_j(z)) = +\mathrm{d}F_{a,j} \end{cases} \tag{4.7}$$

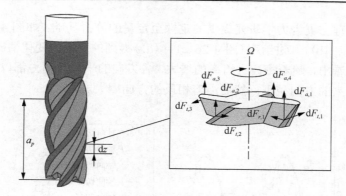

图 4-24 圆柱螺旋立铣的微元化

结合式(4.6)和式(4.7)，可知切削力系数对铣削力的影响是线性的，可以通过实验获得。采用控制变量实验或正交实验可得切削力系数。本次仿真采用的切削力系数如表 4-2 所示(不同的刀具工件副铣削力系数不同)。

表 4-2 仿真采用的铣削力系数值

系数	数值/MPa	系数	数值/MPa	系数	数值/MPa
K_{tc}	−1189	K_{rc}	158.8	K_{ac}	41.12
K_{te}	15.02	K_{re}	18.93	K_{ae}	1.628

具体仿真情况采用 2 齿铣刀，刀具直径 $d=12\text{mm}$。可得铣削力仿真与实验对比结果如图 4-25 所示。

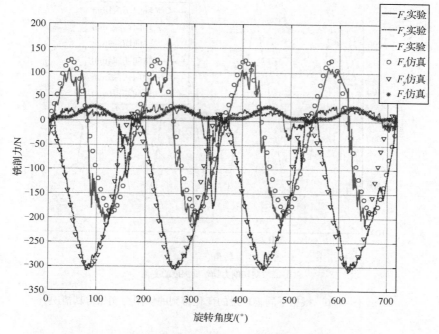

图 4-25 圆柱螺旋立铣刀端铣仿真与实验对比

(轴向切深 $a_p = 0.8\text{mm}$，主轴转速 $\Omega=1000\text{r/min}$，每齿进给 $f_t = 0.336\text{mm/z}$)

　　切削力学的物理仿真为力学研究提供的定性至定量的分析基础。如图 4-26 所示为改变切削深度(图 4-26(a)、(b))和进给率(图 4-26(c)、(d))得到的切削力变化情况。根据切削力的物理仿真结果可以看出，随着每齿进给率的增大，各方向的平均铣削力都以相同的规律变化，铣削力先是沿着原来的方向减小，然后沿着相反的方向增大。

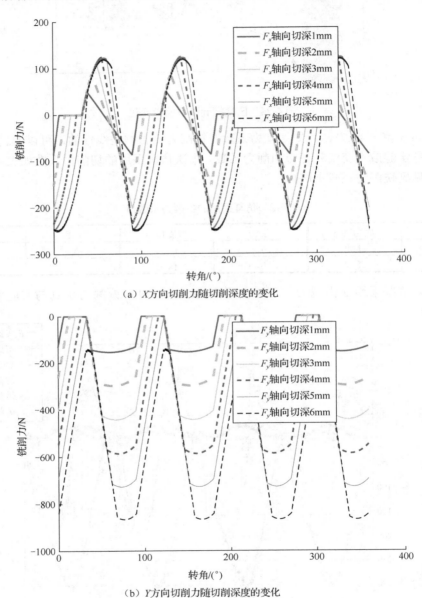

图 4-26　根据不同物理量的变化得到的切削力变化仿真情况

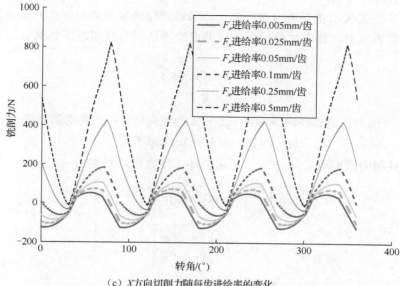

（c）X 方向切削力随每齿进给率的变化

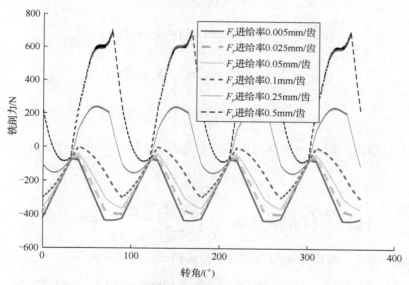

（d）Y 方向切削力随每齿进给率的变化

图 4-26 根据不同物理量的变化得到的切削力变化仿真情况（续）

4.3.3 数控加工振动与加工稳定性仿真

数控机床加工时，常常伴有振动。常见的振动包括强迫振动和自激振动。强迫振动是由于周期性切削力而产生的，而自激振动是由于加工系统本身的特性所激起的一种剧烈振动，也称为颤振。目前研究颤振多从振动系统微分方程描述，以临界状态作为颤振发生的起始。振动系统的微分方程描述为

$$m_x \ddot{x} + c_x \dot{x} + k_x x = F_x(t) \tag{4.8}$$

方程左侧表示运动，同时包含系统的振动特性参数。右侧表示外部激振力。当外部作用力过大超出加工系统稳定振动范围时，将会发生颤振。目前主流的颤振预测方法有频域法和

时域法，都是在公式(4.8)的基础上进行的。本节以铣削颤振预测频域法为例进行仿真说明。

　　根据再生颤振原理，稳定性分析可以仅考虑动态切削力而忽略静态部分。于是有动态铣削力表达式为

$$F_{t,j} = K_t a h(\phi_j)$$
$$F_{r,j} = K_r F_{t,j} \tag{4.9}$$

式中，K_t，K_r 分别为切向和径向铣削力系数；a 为轴向切深；h 为切屑厚度，表达式为

$$h(\phi_j) = [\Delta x \sin \phi_j + \Delta y \cos \phi_j] g(\phi_j) \tag{4.10}$$

　　将第 j 齿铣削力投影至 x，y 方向，再求合并，写成矩阵形式为

$$\begin{bmatrix} F_x \\ F_y \end{bmatrix} = \frac{1}{2} a K_t [A(t)] \begin{bmatrix} \Delta x \\ \Delta y \end{bmatrix}$$

$$[A(t)] = \begin{bmatrix} a_{xx} & a_{xy} \\ a_{yx} & a_{yy} \end{bmatrix}$$

$$\left.\begin{aligned} a_{xx} &= \sum_{g=0}^{N-1} -g_j[\sin 2\phi_j + K_r(1 - \cos 2\phi_j)] \\ a_{xy} &= \sum_{g=0}^{N-1} -g_j[(1 + \cos 2\phi_j) + K_r \sin 2\phi_j] \\ a_{yx} &= \sum_{g=0}^{N-1} +g_j[(1 - \cos 2\phi_j) - K_r \sin 2\phi_j] \\ a_{yy} &= \sum_{g=0}^{N-1} +g_j[\sin 2\phi_j - K_r(1 + \cos 2\phi_j)] \end{aligned}\right\} \tag{4.11}$$

式中，$[A(t)]$ 为以每齿周期 $\omega_T = N\Omega$ 为周期的方向因子矩阵，其傅里叶变换为

$$[A(t)] = \sum_{r=-\infty}^{\infty} [A_r] e^{ir\omega_T t}$$

$$[A_r] = \frac{1}{T} \int_0^T [A(t)] e^{-ir\omega_T t} dt = \frac{1}{T} \int_0^T \left(\sum_{j=0}^{N-1} \begin{bmatrix} a_{xx,j} & a_{xy,j} \\ a_{yx,j} & a_{yy,j} \end{bmatrix} e^{-ir\omega_T t} \right) dt \tag{4.12}$$

　　根据 Floquet 理论，周期性铣削力可以在颤振频率附近展开为

$$\sum_{k=-\infty}^{\infty} \{P_k\} e^{ik\omega_T t} = \frac{1}{2} a K_t (1 - e^{-i\omega_c T}) \sum_{r=-\infty}^{\infty} \sum_{k=-\infty}^{\infty} [A_r] \Phi(i(\omega_c + k\omega_T)) \{P_k\} e^{i(r+k)\omega_T t} \tag{4.13}$$

　　式(4.13)经过变形、化简和展开，可得

$$\begin{bmatrix} P_0 \\ P_1 \\ P_{-1} \\ \vdots \end{bmatrix} = \Lambda \begin{bmatrix} [A_0][\Phi(i\omega_c)] & [A_{-1}][\Phi(i\omega_c + \omega_T)] & [A_1][\Phi(i\omega_c - \omega_T)] & \cdots \\ [A_1][\Phi(i\omega_c)] & [A_0][\Phi(i\omega_c + \omega_T)] & [A_2][\Phi(i\omega_c - \omega_T)] & \cdots \\ [A_{-1}][\Phi(i\omega_c)] & [A_{-2}][\Phi(i\omega_c + \omega_T)] & [A_0][\Phi(i\omega_c - \omega_T)] & \cdots \\ \vdots & \vdots & \vdots & \ddots \end{bmatrix} \tag{4.14}$$

　　式(4.14)的求解是特征值问题，解出特征值就可以得到临界轴向切深和主轴转速间的关系。下面结合具体仿真实例加以说明。稳定性预测需要建立在加工系统动态特性参数的情况下，因此需要模态参数辨识实验获取机床和工件的动态特性。所辨识模态参数如表 4-3 所示。

表 4-3　模态参数辨识结果

模态阶数	固有频率/Hz	阻尼比/%	刚度/(N/m)
刀具 x 方向一阶	1213	4.12	2.51×10^7
刀具 x 方向二阶	2054	3.53	1.78×10^7
刀具 y 方向一阶	1124	4.00	1.50×10^7
刀具 y 方向二阶	2112	2.37	3.20×10^7
工件 y 方向一阶	384	1.2	6.52×10^5
工件 y 方向二阶	961	0.8	4.95×10^6

这里工件具有薄壁特征，因此工件的动态特性只考虑 y 方向。基于模态参数，可得稳定性叶瓣图，如图 4-27 所示。

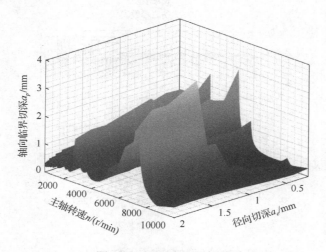

图 4-27　稳定三维叶瓣图

稳定性叶瓣图 N=4, d=10mm, K_t=1056MPa, K_r=616MPa

根据图 4-27 的仿真情况，当切削参数选取在曲面下方时，加工系统处于稳定状态。当加工参数靠近曲面或在曲面上方时，系统处于不稳定状态，易发生颤振。

为了方便验证，可以采用式(4.4)衍生的时域仿真来判断振动状态。选取两组参数，分别在曲面上方和曲面下方。因此，选取加工仿真参数分别为：① $a_p = 0.5$mm，$a_e = 1.5$mm，$\Omega = 7000$r/min；② $a_p = 1$mm，$a_e = 2$mm，$\Omega = 5000$r/min。

仿真结果如图 4-28 所示。

如图 4-28（a）、（b）所示，上方是仿真的时域铣削力，下方是铣削力的频域变换。在频域的幅频曲线中，虚线表示刀齿切削频率，是由于刀具切削产生的周期性信号。可以看到，在仿真参数②下，铣削力的幅频曲线中出现颤振频率，可以判断在该组参数下，会发生颤振。

相关的物理仿真同样可用于研究不同参数对于颤振稳定性的影响。图 4-29 所示依次为刀具齿数、切向力系数、径向力系数和阻尼比对稳定性的影响。根据仿真结果，可得到对应的结论。这里的稳定性物理仿真结果可为实际加工过程避开颤振、提高加工效率提供可靠的参数选择方面的参考。

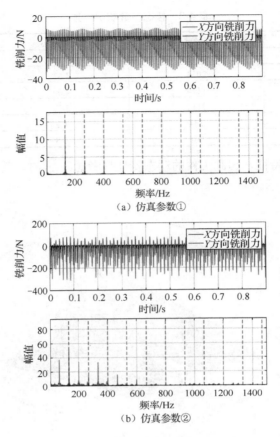

（a）仿真参数①

（b）仿真参数②

图 4-28　不同加工参数下的振动仿真

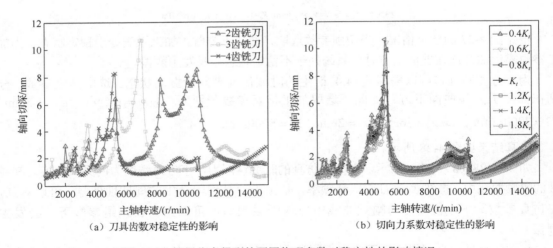

（a）刀具齿数对稳定性的影响　　　　　　　（b）切向力系数对稳定性的影响

图 4-29　根据仿真得到的不同物理参数对稳定性的影响情况

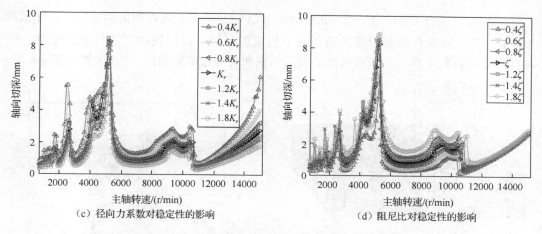

（c）径向力系数对稳定性的影响　　　　　　（d）阻尼比对稳定性的影响

图 4-29　根据仿真得到的不同物理参数对稳定性的影响情况(续)

4.3.4　数控加工工件表面形貌仿真

数控加工的产品质量同样是需要关注的点。与之相关的指标包括表面粗糙度、残余应力和金相组织等[45,46]。其中，表面粗糙度是比较容易通过经验公式或运动学仿真获得的。下面通过周铣加工作为仿真范例，进行仿真步骤说明。周铣可以分为顺铣和逆铣，如图 4-30 所示。

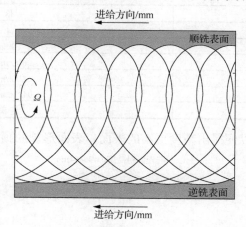

进给方向/mm

顺铣表面

逆铣表面

进给方向/mm

图 4-30　顺铣和逆铣刀尖轨迹

理想状态下，忽略铣削力的作用和刀具工件的振动，可以将加工后工件表面形状理解为刀具轨迹在工件表面的复映。根据运动学相关知识，需要分别建立刀具和工件的空间坐标系，如图 4-31 所示。

如图 4-31 所示，工件的网格大小与刀具每层的尺度一致，并考虑刀具相对于工件空间坐标系的进给移动、转动和偏心跳动。

根据运动学公式可得刀尖轨迹公式：

$$
\begin{bmatrix} x_0 \\ y_0 \\ z_0 \\ 1 \end{bmatrix} = \begin{bmatrix} r\cos(\lambda + \Omega t + \phi_j - \theta) + \Delta r\sin(\lambda + \Omega t) + ft \\ -r\sin(\lambda + \Omega t + \phi_j - \theta) + \Delta r\cos(\lambda + \Omega t) \\ R\theta / \tan\beta \\ 1 \end{bmatrix} \tag{4.15}
$$

式中，x_0，y_0，z_0 分别为三方向的刀尖坐标，式(4.15)即刀尖随时间的运动轨迹。在根据刀具齿间角，就可以综合得到刀具周铣条件下扫过的区域，即周铣加工工件表面形貌。依据式(4.15)，可以得到工件加工表面周铣的表面形貌和表面粗糙度的值。仿真参数如表 4-4 所示。

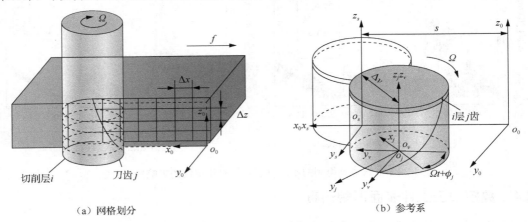

（a）网格划分　　　　　　　　　　（b）参考系

图 4-31　工件网格划分和坐标系建立

表 4-4　表面形貌仿真参数选取

名称	值
铣刀齿数	4
铣刀直径	10mm
主轴转速	600r/min
进给量	300r/min
网格尺寸	$0.04×0.04mm^2$
铣削方式	逆铣

网格尺寸要尽量小，以便得出精度更高的表面。表面形貌的预测仿真如图 4-32 所示。

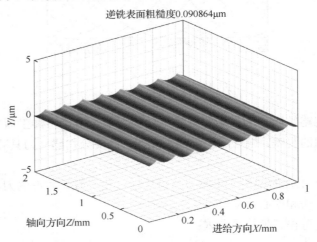

图 4-32　工件周铣表面形貌和表面粗糙度的物理仿真结果

需要注意的是，该模型并未考虑切削力的影响，也就是切削深度、铣削力系数等因素对表面形貌的影响不做考虑。但是实际加工时，铣削力对表面形貌的影响是存在的，例如，采用刚性比较差或已经磨钝的铣刀，加工比较硬的表面，其最终形成的表面与该模型的差距就会比较大，主要原因就在于刀具实际路径与模型理想中的路径偏差较大。除了切削力因素，刀具的振动情况也对表面形貌有影响。可以结合 4.3.3 节中的刀具振动仿真，对表面形貌和表面粗糙度做出更加精细的预测。

图 4-33 和图 4-34 为不同铣削参数以及铣削方式下的表面形貌仿真情况。其中，图 4-33 (a)、(b)、(c) 保持同样的主轴转速 n，进给 f 依次增加。可以看出，随着进给量 f 的增加，表面形貌的条纹数减少，并且表面粗糙度值增加。在图 4-34 中，保持进给量 f 不变，增加主轴转速 n，可以观察到，随着主轴转速的增加，表面粗糙度呈下降趋势。

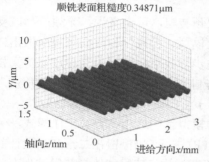

（a）n=600r/min，f_t=600mm/min

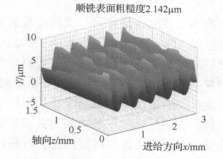

（a）n=400r/min，f_t=900mm/min

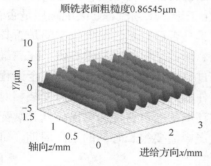

（b）n=600r/min，f_t=900mm/min

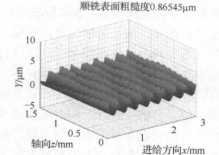

（b）n=600r/min，f_t=900mm/min

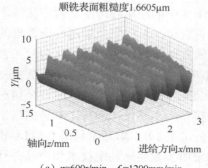

（c）n=600r/min，f_t=1200mm/min

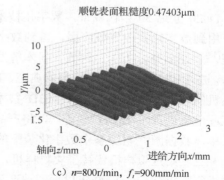

（c）n=800r/min，f_t=900mm/min

图 4-33 不同进给速度的表面形貌仿真结果　　　　图 4-34 不同主轴转速的表面形貌仿真结果

第 5 章　数字化装配技术

5.1　数字化装配技术概述

5.1.1　数字化装配的概念

　　数字化装配，又称为广义的虚拟装配或者数字化预装配，可定义为：无须产品或支持过程的物理实现，利用计算机辅助工具通过分析、先验模型、可视化和数据呈现来做出或辅助做出与装配有关的工程决策。随着科学技术的不断进步，数字化装配工艺与过程仿真技术在大型复杂产品(如飞机、船舶、重型机械等)的设计与制造中扮演着越来越重要的角色。目前诸多复杂产品研制企业都已经将数字化装配技术应用于生产中，取得了显著的效益。

　　传统的装配过程中基本采用并沿袭数字量传递与模拟量传递相结合的工作模式，装配工艺的设计主要采用计算机辅助工艺过程设计系统(CAPP)进行，仍停留在二维产品设计的基础上，与 CAD 系统没有建立紧密的联系，无法将装配工艺过程、装配零件与装配过程有关的制造资源紧密结合在一起实现装配过程的仿真，无法在工艺设计环境中进行三维的工艺虚拟验证，零部件能否准确安装，在实际安装过程中是否发生干涉，工艺流程、装配顺序是否合理，装配工艺装备是否满足装配需要，装配人员及装配工具是否可达，装配操作空间是否具有开放性等一系列问题无法在装配设计阶段得到有效验证。而数字化装配技术提供了在三维数字化环境中动态地安装零部件及其组件的整个过程。通过数字化装配技术实现装配全流程的三维仿真，并在仿真过程中检查干涉以及确保所有零部件的准确安装，以及这种安装相对于其周边安装件而言的可行性，同时可验证操作人员在该环境下的可达性和可操作性。装配仿真利用计算机的快速运算能力，用很短时间模拟实际生产中需要很长时间的生产周期，可以缩短决策时间，避免资金、人力和时间的浪费。

5.1.2　数字化装配的发展概况

　　自 20 世纪 50 年代以来，数字化技术在国外航空工业中的应用经历了从数字化技术的单项应用到数字化系统集成应用，再到数字化协同设计制造和产品全生命周期数据管理的发展历程[48]。在国外，美国、德国、日本等发达国家早已深入地研究和应用数字化装配工艺设计技术，波音和空客作为成功应用的典范，其实际生产取得了显著的效益。国外众多航空公司[49]在飞机的整个生产过程中采用 MBD 技术，实现面向装配生产的产品设计。波音公司对整机的工程信息进行了 MBD 定义[50]，将产品模型信息直接作为产品设计和加工制造的依据，实现了单一数据源[51]贯穿整个数字化装配的过程。波音公司在 1980 年开始利用 CATIA 软件建模，并且利用虚拟样机代替了实物样机，1990 年开始采用了数字化装配技术和产品并行定义技术进行飞机装配，2000 年以后，波音飞机全面采用基于模型定义技术，大量采用复合材料数字化制造技术完成飞机的制造。波音公司在 20 世纪 90 年代研制波音 777 飞机时全面应用了产品数字化设计，该型飞机是世界上第一种全数字化定义和无纸化生产的飞机。

　　随着数字化装配技术的成熟，其已在波音、空客等公司的飞机研制过程中广泛应用，装配制造过程中全面采用数字化产品定义、产品数据管理、虚拟制造技术和并行工程，改变了传统的飞机设计制造方式，大大提高了飞机制造技术水平[52]。2002 年空客公司在德国汉堡建立了一条 A320 移动装配生产线，包括七个装配站位。移动装配过程中机身不需要起吊，在装配生产线上的平均移动速度达到 1m/h。该装配线在提高装配质量的同时，使装配工时减少了40%，而且在同一条装配线上可以完成 A318、A319 和 A321 三种机型的装配[53,54]。2006 年波音公司也启用了一条移动总装生产线来制造 B777 飞机，如图 5-1 所示。在生产过程中飞机以平均 1.6in/min[①]的速度移动，零组件和工具能够根据装配工艺的需要及时准确地自动送达，工人按照技术要求安装起落架、液压系统、导航系统等设施，并进行必要的功能测试。站位移动过程中，采用光学感应器跟踪地板上的白线来保证飞机沿正确的方向移动。波音 747 能够和波音 777 共用该装配厂房，省去了建设第二条移动装配生产线的投资费用[55]。此外，在波音 787、空客 A380 飞机的研制中，机身部件的装配均已采用数字化装配技术。2004 年美国对F-22 装配生产线进行了技术改造，以适应不断增加产量的需要，改造后的移动装配生产线各个装配站位每十天就会移动一次，即每十天就可以生产出一架飞机。美国研发的 F-35 隐身战机已实现流水作业、批量生产(图 5-2)，建成基于数字化装配的大型流水线，采用轨道运输系统作为传送带，实现三种型号在同一生产线上装配(图 5-2)。

图 5-1　波音 777 大型客机总装移动式生产线

图 5-2　F-35 战斗机的装配线

5.1.3　数字化装配的特点

数字化装配技术的研究和发展受到并行工程、虚拟制造、敏捷制造等先进设计制造理念的影响。与传统的装配设计、规划以及分析技术相比，数字化装配具有以下特点。

(1)装配对象、装配过程和装配环境的数字化表达。数字化装配操作的零件、工具和活动进行的环境在计算机中以数字数据的形式存储、操作、运算，并通过可视化技术、图形技术和相应的软硬件，将设计师的构思展现在工程师面前，工程师通过计算机系统的数字命令交互地操作这些数字模型，检测装配设计的合理性和装配活动的可行性。所有的设计结果和装配活动记录都以数字数据的形式存储在计算机中，供设计人员使用。

(2)对现实装配对象、过程、环境的本质反映。数字化装配应该是对实际装配对象、过程、环境的本质反映，这样才能将实际生产中可能存在的问题在数字化装配过程中反映出来。本质反映还表现在数字化装配系统与实际制造系统应该有差异，应该比实际制造系统更方便用户以直观的方式定义、修改和维护数字化装配对象、过程与环境，并充分利用数字化装配环境的人机交互特点，方便工程师更好、更快地利用装配仿真来发现装配设计中存在的问题。

---

① 1in=2.54cm。

(3) 以基于装配模型的仿真为手段。数字化装配需要建立装配仿真环境，该环境离不开装配模型的支持，并通过模型与系统的其他功能单元实现信息集成与共享。建立能够详细描述产品装配结构、反映实际装配过程的装配模型是实现数字化装配仿真的基础。数字化装配要对装配过程中的各个环节，包括产品的装配结构、装配操作、装配生产活动的组织管理进行统一建模，形成一个可运行的虚拟装配环境。数字化装配借助高性能的计算硬件设备和数字化产品模型，通过对实际装配过程中各种活动的动态模拟，实现产品装配设计、序列规划、性能分析、工艺决策、质量检验等。

(4) 支持装配设计、规划、分析等活动的并行化与智能化。在产品装配设计时，工程师可以对产品的零部件进行可装配性评估，分析、评价装配设计的结果，通过分析评价的反馈提出产品装配设计的修改意见。在产品装配规划时，工程师可以及时对装配规划得到的装配序列、路径进行可行性仿真，检验产品装配工艺的可行性，发现可能出现的碰撞与干涉，并分析装配序列的经济性与装配质量。数字化装配所实现的不仅是对装配设计和规划结果进行分析评估，更重要的是实现各种装配仿真活动的智能化，为工程师顺利完成装配过程的仿真和提高产品装配设计与工艺决策的质量提供智能化的辅助手段。

(5) 资源与时间的低消耗性。数字化装配是将产品装配设计、规划、分析工作在计算机中利用产品数字化装配模型来完成，只要设计人员完成了相应的装配设计与零件设计，就可以进行装配的数字化操作，规划装配序列，分析装配性能，仿真装配过程，检验装配设计结果。由于使用数字化产品原型和数字化装配环境，省去了产品实物样机的生产与实验以及实际生产与实验环境，所以这些工作基本上没有生产性的资源与能量消耗，从而降低了产品的开发成本，节约了产品的开发时间，极大地缩短了产品的开发周期。

(6) 集成化和开放式的体系结构。数字化装配技术必然要融入相关的数字化设计制造系统中，因此数字化装配系统需要具有面向系统集成的开放式体系结构。数字化装配所面向的不仅是现有企业的制造模式、管理模式和组织模式，它所采用的技术也在不断发展和变化。随着对各种装配制造过程和活动的深入认识，还会不断地引进新的装配建模方法、装配仿真分析方法、装配评价体系和优化策略等。因此，在构建数字化装配系统时应充分考虑系统集成的新技术、新方法，使其在尽可能长的时期内不会随着新技术、新方法的引进而在体系结构上进行较大的变动和调整。

5.1.4　数字化装配系统的需求

随着计算机技术、信息技术的不断发展，为了适应当前全球化制造、全球市场竞争的挑战，满足现代设计制造技术的发展，数字化装配呈现以下新的需求。

(1) 支持现代设计方法。在现代设计方法中，自顶向下(top-down)的设计方法正日益受到设计师的重视，传统辅助设计使用的自底向上(bottom-up)的设计方法已不能完全满足现代产品设计开发的需要。自顶向下设计模式要求在设计中首先从全局和整体设计入手，然后在总体设计方案的约束下对各个部分进行详细设计。这就要求数字化装配系统在获取零件的详细信息前，能够支持对产品级和部件级的装配信息进行概念描述与方案描述，实现对概念设计和方案设计结果的分析与仿真，并利用设计结果约束零件级的详细设计。同时，产品开发过程实际上是一个不断循环完善的过程，存在着很多"设计—修改—再设计"的反复。因此，数字化装配系统还应该支持自顶向下和自底向上等多种设计方法。

(2)支持产品设计结构的重构。数字化装配环境是一个集成化环境，支持多种装配设计、规划与分析活动。产品结构和信息的重构有三种情况：①产品设计时组织结构是根据产品功能的实现来确定的，而产品装配结构是根据装配工艺的要求来确定的，因此在数字化装配规划中需要将产品的功能结构树重构为产品装配结构树；②为了提高产品装配设计效率，方便不同阶段装配设计的组织与分工，有时要求根据实际情况重新划分产品装配的组织结构。例如，为了加快装配的设计制造进度将某一影响进度的子装配体进行重新分解，划分成更小的若干个子装配，交由几个设计小组和车间完成；③为了满足市场对产品品种的多样化、个性化需求，加快产品设计对市场的响应能力，要求能够对产品的配置结构进行修改，达到新的应用要求，满足不同的市场需要，并在已有产品基础上开发新产品，这就要求能够方便地根据装配应用需要改变装配模型的部分内容或部分结构，而不影响装配模型中未改动部分的内容和结构。这三种情况要求数字化装配系统支持对装配模型结构的重新组织，并保证这种组织结构的变动对模型信息的影响限制在较小的范围内，不会破坏整个装配体的信息关系。

(3)支持产品装配活动的协同与并行。由于异地协同设计与制造、敏捷制造、虚拟制造等先进制造模式和技术的发展与应用，数字化装配设计、规划、分析、评估和仿真也在向并行化与协同工作方向发展。数字化装配系统要能支持工程技术人员进行协同设计、规划与分析，支持信息共享，方便协同工作过程中的信息交流，以实现产品装配设计、规划、仿真分析的并行。

(4)支持产品装配活动的开放与集成。作为一种先进的数字化系统，应该具有良好的开放式结构。数字化装配系统的研究与开发需要考虑如何方便地将计算机协同技术、计算机仿真技术、人机交互技术和数字化信息技术新成果融合到数字化环境中，方便对系统中各种功能模块进行升级更新。由于要求将产品开发过程整合为一个有机的整体，数字化装配是面向产品全生命周期的有关装配及装配活动，因此必须考虑系统的集成性，主要体现在信息的集成上。信息的集成性是指数字化装配系统能够方便地使用产品开发过程中生成的各种产品装配信息，并将装配规划与仿真分析的结果有效地传递给所需要的设计环节。

5.2　数字化装配的关键技术

5.2.1　装配信息建模

装配信息建模作为数字化装配的关键技术之首，不仅是产品设计的内容，也是工艺设计的内容。完整的装配信息模型是产品三维模型的重要组成部分，具体应包含支持零件设计、工艺设计、工艺规划以及产品制造等与生产和装配相关联的所有内容，并可在产品全生命周期内完整准确地传递不同层次部门(设计部门、工艺部门、制造部门)所需零部件的装配模型信息。长期以来，装配信息模型的建立与完善一直是 CAD 技术的一个核心问题[56]，装配模型在不同的角度包含的装配信息模型信息各不相同，装配信息模型可分为产品功能装配信息模型、产品结构装配信息模型、产品工艺装配信息模型三类。

(1)产品功能装配信息模型。产品的设计过程是一个从抽象到具体的过程，对于复杂产品在设计之初定义完成产品的功能后，需要对产品内部的零部件定义其功能信息，完善产品的内部设计。产品的功能是通过零件和部件之间的功能相互作用实现的，从某种角度上分析，产品的设计过程等同于装配的设计过程，通过对原有整体设计方案的评估、预测及设计分析，进而制定装配体的设计方案，以实现产品功能的设计要求。复杂产品的结构设计过程一般较为复杂，如高速列车在总装车间装配的零部件总数超过四万个，在零部件数量及功能如此庞大、繁杂的情况下，需要通过层次分解（自顶向下）的方法实现其功能和结构的表述。复杂产品功能层次模型可分为总功能、子功能和功能单元三个层次，从功能角度分析产品模型信息可知，需要通过功能到结构的映射以得到完整的产品功能装配信息模型。

（2）产品结构装配信息模型。产品结构装配信息模型是最为成熟的一种装配模型，产品结构装配信息模型描述的是产品零件几何实体间的相互关系，表达的是产品本身与其零部件之间的物理结构关系。通常情况下，设计阶段的产品层次结构信息模型在三维建模软件中是以装配体层次结构树的形式表现的，其现有的商用三维及二维 CAD 软件系统均可提供该类型的装配信息模型。对产品结构装配信息模型的研究起源于 Allen[57]基于区间时态逻辑理论在产品结构建模中的应用研究。随着结构装配信息模型的发展及三维建模软件（CATIA、UGNX、Pro/E、SoildWorks）的普及，原有的平面模型可推广到三维空间，形成了基于立体的定性空间关系模型。随着对模型结构的深入研究，基于自顶向下的多级装配模型能够获取零件的抽象信息、概要信息和详细信息，在零件基础上实现了多层次的装配模型的扩展。而后，在基于特征的产品结构装配信息模型的基础上发展了基于约束的特征模型、面向对象的特征模型以及层次化的特征模型信息等[58]。

（3）产品工艺装配信息模型。产品装配信息模型建立的最终目的是为工艺部门和制造部门提供产品及零部件的装配信息，以实现对原有基于结构与功能的产品装配信息模型中装配工艺信息的补充与完善。产品工艺装配信息模型是面向产品装配规划的装配模型，该工艺装配信息模型可直接或者间接地反映装配过程[59,60]。20 世纪 80 年代，法国学者 Bourjault 最早提出了用无向连通图 $G(E,V)$ 表达产品的装配体模型，将装配体中零部件之间的装配连接关系以一种二维拓扑关联结构图进行形式化表示。随后在 Bourjault 研究基础上对装配模型进行层层分解，以装配树的形式表达装配体的整个层次关系，以树的根节点表示整个装配产品，树的叶子节点表示单个装配零件或者单个装配体部件单元。传统的装配信息建模方法有通过连接图建立关系模型的方法和通过结构树建立层次模型的方法，这些方法相对简单，但是装配信息的表达不完整，数据的实时可更改性差。

随着数字化制造技术的发展和普及，基于统一数据源的 MBD（model based definition）装配信息建模方法得到了广泛的应用。MBD 理论与方法作为一种面向三维数字化的装配信息模型表达方法被提出与发展，该建模方法基于模型定义，是一种面向计算机应用的数字化定义技术，其核心是通过将产品装配过程中所需要的几何信息和非几何信息（设计、工艺、装配和制造等信息），以三维标注的形式表达在装配实体模型上，并将装配信息模型作为整个装配过程的唯一数据源，使得装配信息的表达更加清晰，实现面向制造和装配的设计。这种信息数据的表达模式，大大地提高了产品信息表达的直观性，对缩短产品的生产周期有重要作用。

基于 MBD 的零件信息模型起源于数字化装配技术的深入发展与航空领域对缩短飞机研制周期、降低研制成本的需求。MBD 建模方法更多的是体现产品面向装配与制造设计的思想，实现单一产品数据源下的数字化装配与制造。MBD 技术在航空、船舶制造等领域的应用相对比较成熟，发展较快。波音、空客、洛克希德马丁等企业均在其产品设计与制造过程中全面采用 MBD 建模方法，并将其作为产品管理过程中的唯一数据来源。该技术最早由波音公司提出和应用，在波音 787 客机项目的制造过程中实现了无纸化生产，飞机的全部工程信息均通过 MBD 模型定义，该客机根据产品的模型信息制定其工艺与制造信息，并在产品制造的合作伙伴中全面推广使用 MBD 建模方法与技术，通过波音公司全球化的并行工程策略，B-787客机项目的研发周期缩短了 40%，工程返工减少了 50%[61]。随着 MBD 理论的逐渐成熟和建模方法的发展与深化，其相对于二维 CAD 的优势越加明显，主要体现在：①MBD 建模方法摒弃了二维设计，是三维数字化作为产品信息模型的唯一依据，保证数据的唯一性；②设计人员在三维可视化的环境下直观地理解和判断设计意图，增加了信息之间的交互；③缩短了产品的研制周期、降低了研制成本；④极大地推动了并行工程的发展[62]。基于 MBD 的装配模型信息中，主要包括装配产品、装配工艺、装配资源三类，具体说明如下。

1）装配产品信息

装配产品信息包含产品的层次结构、装配关系和产品几何等信息，这些信息可以通过产品的装配层次结构树进行统一表达。产品的层次结构信息是指以装配产品的装配结构和装配体各部分的功能为依据，对装配产品进行的树形划分，这种父子关系的层次结构树可以使装配体的各部件单元的内部零件与其他单元的内部零件在产品装配工艺规划过程中实现独立规划，然而在总装规划时，各部件单元之间又相互联系，这种相互独立又关联的产品层次结构树设计思路，可以最大限度地减少产品装配工艺设计的复杂度。

机械产品由具有层次关系的零部件组成，装配体的层次关系可以分为产品层、部件层、零件层和信息层，如图 5-3 所示。其中产品层也是产品的总装配层，是产品装配树的根节点；部件层是产品的子装配体层，是产品装配树的叶节点；零件层是装配体被逐步分解后，无法再次被分解的独立单元；信息层则是用于表述零部件 MBD 信息的单元，主要包括名称、装

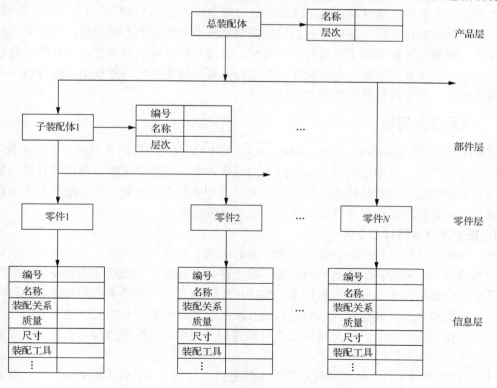

图 5-3　装配层次结构树

配关系、质量、尺寸以及装配工具等信息。在三维 CAD 软件中，产品装配体的层次结构信息通常通过产品装配导航器中的装配树表示。装配树详细地反映了产品的结构及组成，通过装配树可查看各零部件的 MBD 信息，也可以对各零部件进行调整与更改，并且通过装配树反映出的装配模型结构比较清晰，对于后续装配矩阵的生成具有重要作用。

2) 装配工艺信息

基于 MBD 的产品装配工艺信息是对数字化装配工艺设计各阶段的中间结果和最后结果的描述与表达，是装配工艺设计各阶段进行信息交互的依据和基础。基于 MBD 的数字化装配工艺信息包括装配对象各层次的装配工艺路线信息，以及各条工艺路线中的工序信息，其中就包括工序名称、标准工时、下一个工序号和工序内容等。面向装配序列规划和选配技术的装配工艺信息模型还包括装配零部件的明细表和装配材料的定额表，其中装配零部件定额表就包括零部件的名称、零部件的数量以及零部件的加工尺寸等信息。产品在实际装配时，装配工人需要严格以产品的装配工艺信息为参考，对产品的装配车间进行安排和布置，并根据零部件的装配规范、装配精度要求，严格地实施产品的装配，保证产品的装配质量和效率。通过产品的装配工艺信息获得的产品装配顺序和零部件的匹配顺序，对于产品的装配工艺优化十分重要，同时也极大地提高了产品的装配效率，减少了装配工时。

3) 装配资源信息

产品的装配资源信息是指产品在装配过程中所用到的装配工具、夹具以及其他辅具的种类、型号和数量。在进行装配信息建模时，根据装配资源的功能作用，将装配资源进行分类，并对每一类资源进行编号。各零部件的装配资源信息可以在注释信息中表达。通过这种方式，装配工艺设计人员可以通过制定相应的信息提取算法和规则，对装配资源信息进行自动识别。在实际的产品装配过程中，完成产品的装配需要用到很多同种类不同型号，或者不同种类的装配资源。频繁地更换装配工具进行产品装配，会增加产品装配的误差，尤其是在自动化装配生产线中更为明显。因此，在装配序列规划时，可以根据装配资源使用的聚合性，对装配序列进行优化，并获得装配资源的使用顺序。

5.2.2　装配序列规划

装配序列规划(assembly sequences planning，ASP)是指在一定产品设计方案的条件下，探索可行的装配序列，从中选取满足所有约束的最优方案，达到装配时间最短等目标。装配序列规划是装配工艺规划的基础和前提，亦是装配规划中众多子问题，如装配线平衡问题的基础。因此，对装配序列规划的研究具有非常重要的现实意义。

1. 装配序列规划特点分析

在产品制造装配过程中，企业生产的产品必须满足需求方的需求，需求方的需求通常包含了产品质量、产品价格、产品售后以及产品个性化定制等，为实现面向对象需求的定制，企业需要将计算机技术、并行工程技术、数字化工厂技术等先进技术应用与结合，以实现企业对市场的快速响应。装配序列规划是以提升产品工艺设计水平和提高产品开发的效率为目标，以实现在更短的时间内的产品装配序列的规划与制定。装配序列规划的特点主要表现在以下几方面。

(1) 规划过程复杂性。装配序列规划方法的复杂性体现在零件信息的获取，以及随着零件数量增加而产生的组合爆炸现象。在零件三维模型建立的过程中，需要将零件涉及的装配信息和资源信息等与实体模型关联,以便于零件信息的获取,但零件各类信息(设计信息、工艺信息及制造信息)的获取与交互相对较难。本质上,装配序列规划是一个带约束的组合优化问题,与一般组合优化问题如旅行商问题类似,存在组合爆炸的问题。而当零件的数量随着产品复杂程度的提高而增加时,装配序列的数量将产生组合爆炸,同时由于约束条件复杂,问题的求解难度急剧增加。

(2)规划方法多样性。装配序列规划方法包含了基于装配优先约束关系的装配序列生成法、基于组件识别的装配顺序生成法、基于知识的装配顺序求解法、基于拆卸法求解装配序列以及装配割集法等规划方法,规划方法中需要用到多种理论知识,如专家系统、Pertri 神经网络、经验推理等以实现装配序列的生成,并且每一种方法对零件数量均有要求。

(3)评价指标复杂性。在面对不同的产品建立其评价指标时,因企业对产品需求不同,故面向不同产品的评价指标与方法也不尽相同。评价指标包含定性评价指标与定量评价指标。评价方法包含神经网络法、模糊理论法、层次分析法和熵权法等装配评价理论与方法,现有的评价指标应用原则即在效率优先的情况下应尽可能地选取简单指标完成序列的优化。

(4)规划过程人工化。现有装配序列规划方法更多的是在理论和面向企业定制的方面进行研究与优化,对于企业应用来说,更多的是采用人工方法依据经验对装配序列进行规划与优化。采用传统的人工分析方法对装配序列规划与生成,将是一件耗时费力且规划过程易出错的工作。人工分析方法需要设计人员反复规划与分析,最终得到可行的装配序列,对技术人员的经验有较高的要求。此类规划结果在未全面考虑装配过程与产品零部件等因素的前提下,所得装配序列未必最优,且人工规划时间较长,随着零件复杂性的提高,规划周期与制造周期也相应延长。

(5)规划对象普遍性。面向复杂产品装配序列规划的普遍性指面向对象的普遍性,规划过程不仅能对典型关键工序中零件装配序列进行规划,也能对一般性产品的装配序列进行规划及优化仿真。装配序列规划的对象不仅可以面向机械类产品,也可以面向机电结合类产品,通过合理的算法与优化,可以实现对复杂机电产品的装配序列规划。

2. 装配序列规划功能分析

装配序列规划的完整功能主要包含四大部分,分别为产品信息建模、装配序列矩阵生成、装配序列评价和装配序列优化,具体内容如下。

(1)产品信息建模。包括装配信息建模以及与产品相关的工装夹具资源等建模。该模块可采用基于模型定义的建模方法,利用结构层次模型和关系模型,建立基于特征与面向对象方法相结合的集成化的产品装配模型。产品的信息建模为后续过程中的矩阵生成、评价和优化等与装配序列相关联的分析与优化提供技术支持,以实现产品装配信息合理、完整和科学的表达。在产品三维模型设计过程中,遵循与产品相适应的设计方法,根据产品功能需求将装配信息与三维模型信息集成,在信息集成的过程中,通过人机交互的方式添加零件的其他工程语义信息,建立完善的零件几何信息、工艺信息以及制造信息。

(2)装配序列矩阵生成。包含干涉矩阵、连接矩阵和支撑矩阵等三类矩阵生成方法。该部分通过提取产品模型信息,应用碰撞干涉检验方法、包围盒技术以及零件拉伸算法,建立产品零件间的关系矩阵。三类矩阵分别表达了零件之间的空间位置关系、连接关系以及在重力作用下的支撑关系,其中干涉矩阵具有确定产品装配过程中几何可行性的功能,连接矩阵具有反映装配体稳定性的作用,而支撑矩阵即在重力作用下保持各自内部装配关系的能力。装配关系矩阵是后续装配序列评价和优化的基础。

(3)装配序列评价。将零件质量、零件尺寸、零件对称性、零件装配精度等级、零件连接关系、零件基准数等作为零件级评价指标,建立零件级的评价方法,通过与装配序列稳定性、装配序列聚合性、装配序列重定向次数等产品级评价方法相结合,采用层次分析法与模糊综合评价法相结合的评判方法,建立面向复杂产品装配序列规划的评价指标函数,实现面向复杂产品的综合评价。依据装配序列评价指标建立的评价指标函数是后续装配序列优化的基础。

(4)装配序列优化。装配序列优化技术即将智能优化方法与装配序列规划问题相结合,优化求解最优装配序列的过程,经过近20年的发展,面向装配序列规划的智能优化算法在各方面对装配序列的优化均做出了相应的研究,已实现简单装配序列的快速、智能分析与优化,获取最优或相对最优解。但受限于问题的复杂性和算法的局限性,对复杂装配序列优化问题的求解精度及效率仍需进一步提高。

3. 装配序列规划的关键方法与技术

复杂产品的装配序列规划涉及产品建模、系统仿真、数字化工厂、虚拟现实、并行工程、系统集成等多个领域的方法与关键技术,为了构建满足实际应用需求的面向复杂产品的装配序列规划,需要解决三维实体模型的生成、装配信息表述、装配矩阵生成、装配干涉检验、评价指标的构建、算法优化分析、系统集成等众多技术内容。

1)基于模型定义的装配信息建模

装配信息建模方法与技术是装配序列规划与优化的前提条件。装配建模不仅是产品设计的内容,也是工艺设计的内容,良好的装配信息模型不仅可以支持零件设计、工艺设计、工艺规划以及产品制造等与生产和装配相关联的所有活动,还可以在产品全生命周期内完整准确地传递各层次之间零部件的装配模型信息。5.2.1节已详细说明了装配信息建模的种类、方法及关键问题等,此处不再赘述。

2)装配序列的生成与表达

目前装配序列生成方法主要有两大类:一类是基于装配推理的装配序列生成;另一类是基于拆卸的装配序列生成。基于装配推理的装配序列生成通过人机交互的推理规则,引导系统应用启发式推理方法进行装配序列的自动生成。这类方法类似于一般的工艺规划,需要较多的人机交互,对操作人员的专业要求较高,操作过程烦琐。基于拆卸的装配序列生成是在装拆可逆的假设下,将产品拆卸成一个个独立零件,反过来就是独立的零件被装配成产品的过程。根据这种思想可以减小装配序列解空间,并找到可行的装配序列,有利于产品维护与回收方面的应用,但由于装拆不一定可逆,而且最佳的拆卸序列也不一定是最佳的装配序列,因此在装配序列优化方面这种方法还有待进一步研究。

为增强装配序列生成方法的实用性,降低推理过程的复杂性,采用装配序列分层、分步生成方法。即在产品层次树结构的基础上,首先在组件层上对每一组件中的零件进行装配顺序推理,然后对每一部件单元中各个组件的装配顺序进行推理,最后对装配体中各个部件之间的装配顺序进行推理。这样可以利用产品设计已有的组织结构减小推理的难度,并使序列更加符合工程应用的需要。因此有学者根据特征的概念,提出利用装配特征的工程语义信息来描述这种装配结构,在生成时就可以将这种装配结构简化,降低装配序列生成的难度[63]。所有经抽象化的节点中,零件的装配顺序可以利用装配规则直接获取,并插入整个装配序列中。在装配序列生成中,传统的数学求解会导致组合爆炸而几何推理方法过程复杂,解空间庞大致使推理方法的工程有效性不足，适用范围较窄。以零件为单位进行整个产品的装配序列生成，其推理过程通常较为复杂。

针对装配序列的表达，要在计算机中进行装配序列规划，就必须建立计算机内部的装配序列表达形式。装配序列的表达是装配过程模型的一部分，而装配过程模型是装配仿真的基础。装配过程模型包含了指导装配活动与装配操作的有关信息，整个装配仿真活动都是在装配过程模型的驱动和引导下进行的。装配序列可以用一组有次序的操作任务或对应一定装配状态的二进制矢量、零件的分割、零件间的连接子集来表达。由于很多装配序列拥有一些相同的子序列，所以有必要研究可以包含所有装配序列的紧凑表达方法。目前的装配序列表达方法大致可分为三种：①基于语意的表达方法；②基于图的表达方法；③基于先进数据结构的表达方法。其中，基于图的表达方法比较普遍，且经常能从较多的信息源中（如数据库）提取数据，或从用户提供的信息中提取数据，其表达形式有状态图、有向图、与或图等。大多数装配序列规划都是首先基于零件装配操作次序来定义序列的等价类，然后表示所有的序列。装配序列的等价类主要有位置、次序、子装配体三种。目前装配序列表达普遍采用的主要有与或图、网等表达方法，这些表达方法的优点是便于应用人工智能技术进行装配序列的推演，从而得到优化的装配序列，并可以得到多个可选择方案，不足是表达能力有限，表达方式复杂。根据装配序列表达方法的特性又可分为显性和隐性两类。显性表达方法包括基于有向图、与或图等的描述，其需要的存储空间往往会随着零件数量的增加呈指数级增长。隐性表达方法包括基于建立条件、优先关系等的描述，其需要的存储空间不会出现指数复杂性问题，但表达方法不直观且其中的规则往往需要简化。

3）装配序列的评价

装配序列的评价是装配序列推理、装配序列规划和装配序列最优方案选取等工作的基础，在装配序列推理过程中，可能会有许多符合装配条件的装配序列。为了选择最佳的解决方案，有必要根据一定的标准对装配序列进行评价。装配序列评价采用的准则有定性因素与定量因素两类。定性因素通常包括装配方向换向的频度、子装配体的稳定性和安全性、装配操作任务间的并行性、子装配体的结合性和模块性、紧固件的装配、零件的聚合等，不能使用定值进行量化，如装配过程的难度、装配体操作便捷程度等，只能人为建立评价体系和标准。定量因素包括整个装配时间（含子装配体的操作时间、运输时间等）、整个装配成本（含劳动成本、夹紧和加工成本等）、产品装配时的再定位次数、夹具数目、操作者的数目、机器人手爪的数目、工作台的数目等，其特点是具体考虑了装配工艺的特性，能通过测量方法得到的精确数值，为完成装配序列自动评价提供了量化指标，其难点在于各指标权重的合理、客观确定。此外，制造过程中的自动化程度、劳动力参与程度和现有资源利用率等因素也是判断装配序列质量和合理程度的重要指标。装配序列的多指标评价对于筛选出满足装配工艺需求并且装配成本更低的装配序列具有重要的现实意义。

装配序列评价指标构建是面向装配设计（DFA）的主要组成部分，也是装配序列规划与优化的前提。产品中零部件的结构信息、零件的装配方法以及装配过程中使用的装配资源均会对评价指标有重要的影响，而与评价指标相关联的评价方法则有神经网络、模糊理论、层次分析法和熵权法等装配评价方法。

4）装配序列的优化

装配序列优化的目标一般有装配难易程度、装配成本和装配效率等，装配序列由具有不同权重因子的定量因素组成的评价函数进行优化。优化的方法有基于零件级的搜索方法和基于序列级的搜索方法两种，基于零件级的搜索方法包括人工智能中的深度或广度优先搜索算法、启发式方法中的 A 算法、A*算法等，其特点是会遇到组合复杂性问题；基于序列级的搜索方法包括各种计算智能方法，如神经网络、模拟退火、遗传算法等，其特点是避免了组合复杂性问题，关键在于如何表达约束条件与评价函数。

5.2.3　虚拟现实和增强现实

1. 虚拟现实技术

虚拟现实技术(virtual reality，VR)是虚拟装配的基础，是以计算机图形学的相关理论为基础并结合计算机网络、信息处理、人工智能等技术综合发展的仿真技术。虚拟现实以计算机图像技术为核心，通过现代科学技术生成逼真的视觉、听觉、触觉等全方位一体化的虚拟沉浸环境，用户再借助必要的硬件设备如头盔显示器、数据手套、力反馈器、位置跟踪器等就能与虚拟环境世界中的物体进行自然的交互，从而让用户能够产生身临其境的感受体验。虚拟现实中的虚拟环境通过计算机生成的具有一定鲜明色彩的立体图像，它可以是一些特定现实世界画面中的仿真场景，也可以是某种纯粹虚构的虚拟世界。正是因为有了虚拟现实技术的支持，人们才有条件考虑机械零件装配过程中的工作空间、装配工具、人员空间等限制因素的影响，而不是把虚拟装配简单地做成堆积木式的组装。

虚拟装配技术是以虚拟现实为基础的计算机辅助技术，受到了学术界和工业界的广泛关注，并且还对如虚拟制造等先进制造技术模式的具体实施产生了巨大影响。虚拟装配技术在计算机上创建近乎真实的虚拟环境，通过创建数字化的产品装配模型，替代传统装配中的物理样机，在虚拟环境中通过三维输入设备控制器、数据手套、头盔式显示器等就能够方便地进行产品装配过程的模拟分析，验证产品的装配性能好坏，及早发现存在的装配冲突与设计缺陷，同时可以根据发现的问题做出准确及时的修改，并且可以将这些装配的信息及时反馈给研发设计人员。通过虚拟装配技术，对经过严格设计得到的产品零件模型进行装配仿真，可以免去物理原型样机的制造使用，节省设计研发的时间费用。同时，对设计得到的零部件模型可以利用虚拟装配技术提前进行干涉检查，减少样品的制造使用率。最重要的是可以利用各种技术方法如分析、评价、规划、仿真等，在产品的设计阶段就能对产品的装配环节和其他相关因素的各种影响进行充分的考虑。通过改进产品的装配工艺流程，使设计出的产品在满足功能实现的前提下，具有最优的制造和装配工艺，并尽可能降低生产制造成本，缩短设计研发周期，减少产品研发总成本。同时在完成产品的设计研发后，利用装配仿真过程的记录进行结果分析，便于设计团队研究最优的装配工艺，以及优化产品的设计精度，制造精度和成本之间的性价比。

目前，国内外对虚拟装配系统的研究主要集中在：面向装配的模型构建，虚拟空间模型重构与数据转换，面向装配的碰撞检测与碰撞响应，装配约束识别、动态管理及零部件精确定位等。其中，难点问题如下。

(1)原始装配模型构建与数据转换。当前，虚拟装配系统中使用的模型主要通过软件构建，除包含零部件几何信息，还包含了许多工程语义信息，使模型数据量较大。虚拟装配中，涉及大量零部件的实时渲染，如果直接引入模型，无法满足系统实时性。一般的做法是抽取模型中有用的信息，并转换为中性文件。虚拟环境中通过读取中性文件，完成模型的重构。这种方式虽能达到实时渲染的要求，却因模型转换过程中丢失了大量工程信息，给后续装配过程带来不便。

（2）面向装配的模型构建。模型构建技术是利用计算机，准确有效地表达装配体的内外部关联关系及模型自身的属性信息。模型构建的好坏直接关系到虚拟空间中产品模型数据构建的完整性和有效性。现阶段装配模型可分为三类：树状层次模型、图结构模型和虚链模型。树状层次模型是将零部件内部结构及零部件之间的各类装配关系组织成树形结构的一种结构表达方式，体现了产品的设计意图和装配层次。近年来，虚拟装配系统中的模型构建大多采用了树状结构层次结构。图结构模型是将装配体之间不同的实体关系组织成图的描述形式。图结构可较为直观地对产品间的装配关系进行说明，缺陷是无法表述产品层次之间的关系。虚链模型以层次模型为基础，整合了层次模型与图结构模型各自的优点，对子装配体级的装配关系采用虚拟链进行表达。由于各子装配体需维护各自的虚拟链，故对整体而言虚拟链的维护过程较为困难。

（3）虚拟零部件的碰撞检测。碰撞检测是构建有真实感的虚拟装配仿真的基础。碰撞检测算法不仅要满足系统实时性的要求，而且要满足工业应用所需的准确性要求。目前存在两类主流的碰撞检测算法：一类是空间分解法；另一类是层次包围盒法。这两类算法的核心目标均是通过减少比对有效碰撞元素的个数来提高检测效率。空间分解法是将空间中某一区域进行划分，得到具有相同体积的小区域，仅针对发生对象重合的小区域开展碰撞检测。层次包围盒法是使用简单几何体作为包围盒来近似逼近检测对象，在碰撞检测发生时，通过在简单几何体之间执行相交测试来判断发生碰撞的几何体部分，进而获得精确的碰撞信息。基于上述两类主流算法，又派生出针对不同条件的其他碰撞检测算法。

（4）基于自由度约束的零部件装配精确定位。在虚拟现实中，操作者可以直观地看到存在于虚拟环境中的零部件，但在缺乏力反馈设备的情况下，无法对交互的零部件产生触觉感应。即便存在力反馈设备，由于装配的精确性要求，必须遵守零部件间约定的装配准则。因此，要存在对模型约束进行识别和管理的机制，以及在约束作用下完成装配的精确定位方法。

2. 增强现实技术

增强现实（augmented reality，AR）是一种将现实世界中的场景进行视觉增强的计算机视觉技术，它将虚拟信息实时地融合到现实环境中，让人们感知当前环境中不存在的事物，增强人们对现实世界的认识。在增强现实环境下进行虚拟装配操作，可以极大地提高装配仿真的真实性。增强现实能为用户提供一个虚实对象相互融合的混合现实界面，可以将虚拟装配过程中要考虑的工作空间、装配工具、人员空间等限制因素非常容易地添加进来，而无须再花大量的时间精力去创建复杂的虚拟装配环境。增强现实对人们认识现实世界的能力具有促进作用，在虚拟装配系统中引入增强现实环境，人们可以更直观地对装配场景中的约束进行理解。有文献将增强现实与虚拟现实的沉浸感进行了对比研究，增强现实环境下人们对于复杂管道系统的理解效率要比虚拟现实环境下的理解效率高出 70% 以上。

与虚拟现实技术相比，增强现实技术借助多传感技术、人机交互技术、计算机图形技术、立体显示技术，使用户周围的现实环境与计算机生成的虚拟环境能够融为一体。增强现实技术首先通过可视化技术生成现实环境中不存在的虚拟物体，然后虚拟物体通过传感技术被注册到增强现实系统，接着虚拟物体与真实环境通过立体显示设备融为一体，最后将一个感官效果真实的新环境呈现在用户眼前。复杂机械设备的装配是增强现实技术的一个重要应用领域，复杂的技术手册或操作指南中的内容通过增强现实技术生动、直观地表示出来，并与真实环境结合，对工程技术人员的每一步操作进行指导。这样的工作方式比翻看内容繁多的技术手册要容易得多，因此极大地提高了装配的质量和效率。通过增强现实装配训练系统，用户在尝试学习装配操作的同时，也能获得向导信息。更重要的是，在增强现实环境中操作真实物体时，用户能够得到真实的触觉反馈，这是装配技能学习中非常重要的感觉要素。

5.3　总装生产线大部件物流分析实例解析

1. 总装生产线大部件物流基本流程

进行总装生产线大部件物流仿真之前须完成生产线的三维布局，生产线三维布局主要是对总装线上各站位、工装、产品在厂房中的具体放置、操作位置进行合理布局，不仅要考虑到每个站位内部装配操作的方便、有效，还要考虑到各站位之间的物流运转以及产品转站操作的便捷、合理性。根据实际情况，A/B/C/D 站位在同一厂房内操作实施，再结合总装线各站位的装配工艺流程以及各站位要操作的产品对象和所用工装情况，总装线的三维布局图大致如图 5-4 所示，其中部分工装、部件、工具的位置可根据现场实际情况进行调整。

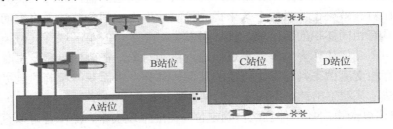

图 5-4　总装生产线三维布局

在完成总装生产线三维布局的基础上，以 A/B/C/D 站位的工装、机体模型以及厂房模型为输入，依据各站位的实际装配工艺流程，对总装生产线大部件物流进行仿真。其中，各站位的主体装配顺序为"A 站位装配→B 站位装配→C 站位装配→D 站位装配"，局部存在并行工作的情况。具体装配工艺流程为：先在 A 站位完成中央翼与左右外翼预对接，预对接后左右外翼与中央翼分离；B 站位进行前机身、中机身、中后机身-后机身对接，然后将在 A 站位完成预对接的中央翼与机身对接，并装配起落架与起落架整流罩；B 站位工作完成后机体出厂房做水密试验，完成水密试验后进入 C 站位；C 站位装配左右外翼、尾翼、发动机、APU 及其他系统件；完成 C 站位后转站进入 D 站位，D 站位完成浮筒装配及系统调试等工作；至此，总装生产线工艺流程完成(图 5-5)。

2. 总装生产线大部件物流仿真过程

(1)中机身、前机身吊装、定位(图 5-6)：将中机身、前机身从机身放置区中机身拖车上吊起至 B 站位中机身柔性定位器上，前、中机身分别与柔性定位器通过工艺接头连接、定位。

(2)中后机身、后机身吊装、定位(图 5-7)：将中后机身从机身放置区中后机身拖车上吊起至 B 站位中后机身柔性定位器上，中后机身、后机身与柔性定位器通过工艺接头连接、定位。

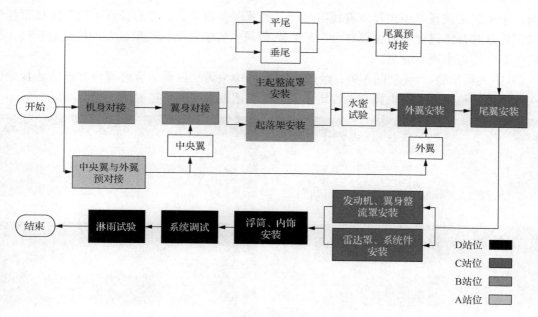

图 5-5　总装生产线物流工作流程

图 5-6　中机身、前机身吊装、定位

图 5-7　中后机身、后机身吊装、定位

　　(3)机身段对接：在中机身、前机身、中后机身、后机身都调运至 B 站位柔性定位器上后，通过激光跟踪仪测量各机身段的位置，若有偏差则通过柔性定位器调整至正确位置，将各机身段对接，对合 B 站位的工作台。

　　(4)机翼预对合(图 5-8)：机翼预对合是 A 站位的工作，要将中央翼与左右外翼对合，并安装襟/副翼、发动机支架、发动机短舱后段等零部件，再将左右外翼与中央翼分离。具体过程为：中央翼由放置区中央翼放置托架吊运至机翼对合协调台，左右外翼由放置区放置托架吊运至机翼对合协调台与中央翼对合，装配襟/副翼，安装发动机支架、发动机短舱后段，最后将左右外翼与中央翼分离。

（5）中央翼吊装、对接（图5-9）：经过A站位的中央翼从机翼对合协调台上起吊至B站位中央翼柔性定位器上，中央翼与柔性定位器通过工艺接头连接、定位。

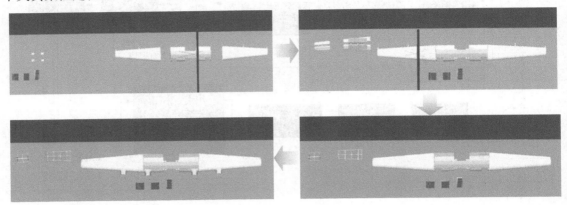

图 5-8　机翼预对合

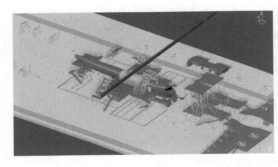

图 5-9　中央翼吊装、对接

（6）主起落架与主起落架整流罩交互装配（图5-10）：先将主起落架整流罩自放置区运送至整流罩安装处，预装配后拆下，只装上整流罩前罩体和下罩体，再装配主起落架，最后装配整流罩剩余部分。

图 5-10　主起落架与主起落架整流罩交互装配

(7)前起落架装配(图 5-11):前起落架由前起落架拖车自放置区经前机身定位器中间托运至前起落架装配处,吊起装配。

(8)机体水密试验(图 5-12):B 站位完成后,站位工作台撤开,由定位器将机体下放至地面由起落架支撑机体,并将定位器撤除,机体出厂房做水密试验。完成后机体转站重新进入厂房 C 站位,机体由三个千斤顶支撑、定位。

(9)左、右外翼对接(图 5-13):左、右外翼分别由放置区放置托架上起吊至 C 站位与中央翼对接。

图 5-11　前起落架装配

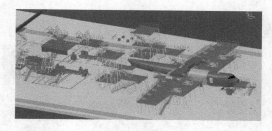 

图 5-12　机体水密试验　　　　　　　　　　　　　图 5-13　左、右外翼对接

(10)翼身整流罩安装(图 5-14):先进行翼身整流罩后段的安装,再进行翼身整流罩前段的安装,整个机身整流罩的安装工作完成。

图 5-14　翼身整流罩安装

(11)雷达罩的安装(图 5-15):将雷达罩上部与机头连接,对合后,下部进行装配连接。

(12)发动机安装(图 5-16):将 C 站位所需工作台、机头支撑定位器都安放在 C 站位地标图所规划的位置处,其中尾翼安装、翼身整流罩安装、外翼安装、活动翼面安装、雷达罩安装等工作已经完成,短舱后段、发动机固定安装支架、防火墙也已安装完毕。天车、发动机吊挂准备，发动机拖车将发动机推到缓冲区位置。所有前期工作准备好后，天车移动到吊挂放置区将发动机安装吊挂吊起，缓慢由初始位置移动到发动机拖车缓存区，将吊挂下落到合适高度，将发动机安装车以后面两个车轮为轴，使前车头微微翘起，使吊挂与发动机连接接头连接好，将发动机拖车上连接固定发动机的螺栓等拆卸下来。将发动机连同短舱前段与发动机安装吊挂一起用天车吊起，水平移动天车位置，使其到达预定安装区前段，下落发动机吊挂，使其高度与理论安装位置高度相当，反复调整位置使其到达发动机短舱后段的前部调整好位置坐标，准备发动机的安装。将发动机安装定位支架由安装人员手工将其往外方向拉伸，将发动机由吊挂水平移动到理论安装位置处后，先将内侧连接支柱与发动机连接进行初步定位，再将外侧固定支柱与发动机对接，用螺栓固定后，发动机的固定安装结束。

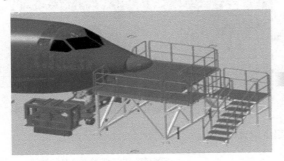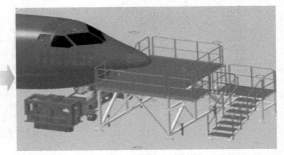

图 5-15 雷达罩的安装

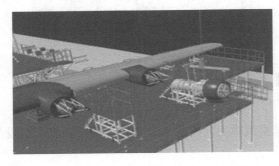

图 5-16 发动机安装

(13)发动机短舱中段及发动机支架安装(图 5-17)：将发动机吊挂于发动机的连接处取下，由天车托运到缓冲区。安装短舱中段，先将短舱中段与发动机连接的固定支撑装置，短舱支架安装好，然后安装短舱中段下部，将短舱中段下部托运到安装位置，安放在安装位置后，将其与短舱支架的连接点处进行连接。再安装短舱中段上部，将短舱中段上部托运到安装位置，安放在安装位置后，将其与短舱支架的连接点处进行连接。然后进行短舱中段左侧的安装，将短舱中段左部托运到安装位置，安放在安装位置后，将其与短舱中段上部支架的连接点处进行连接。最后安装短舱中段右侧，安装连接好后需要将其旋转到与短舱中段下部相贴合。

(14)螺旋桨安装(图 5-18)：利用螺旋桨安装车在螺旋桨安装平台上将螺旋桨的六个涡轮叶片分别安装在其理论位置上，每安装一个涡轮叶片旋转 60°，进行下一个涡轮叶片的安装。将安装好后的螺旋桨与螺旋桨安装车固定连接好，转动螺旋桨安装车手轮，将螺旋桨翻转 90°立起，此时用天车将螺旋桨吊挂吊运到螺旋桨上方，吊挂与螺旋桨连接好后，上拉吊起螺旋桨至适当高度，将螺旋桨与螺旋桨安装车的固定位置处松开，用吊挂将螺旋桨吊起。

图 5-17　发动机短舱中段及发动机支架安装

图 5-18　螺旋桨吊挂状态

　　用天车将螺旋桨吊起后,水平移动到安装位置处上方,将螺旋桨下降,注意下降过程中,接近于短舱前段时,工作人员可以用手扶住螺旋桨,防止螺旋桨因旋转晃动等与短舱前段或者工作梯发生碰撞。调整其下落高度,使其到达理论安装位置高度处,与安装位置保持约 40cm 距离。将螺旋桨借助天车推送到理论位置处,与短舱前段对接好后,螺旋桨安装结束(图 5-19),该发动机安装完毕。将左外侧发动机安装完毕后,类似同样安装过程分别进行另外三个发动机的安装工作。

图 5-19　螺旋桨安装

　　(15)平尾、垂尾对合:天车移动到平尾放置区附近,平尾吊挂与天车缆绳相连接,利用天车将平尾吊运至尾翼对合台,与垂尾理论对合处对合后,将垂平尾的连接件依次安装固定。

　　(16)尾翼与机身对接(图 5-20):将尾翼安装吊挂与平尾连接固定后,利用天车将尾翼整体吊运到与机身对合处,两侧梯子对合后,完成与机身的连接。

图 5-20　尾翼与机身对接

（17）背鳍安装（图 5-21）：将天车移动到背鳍放置区附近，将背鳍吊挂与天车缆绳相连接，将背鳍与机身连接固定。C 站位工作完成后，机体在该站位任务完毕，准备进入下一站位进行其他部件的装配任务。机体转站进入 D 站位：机体在 C 站位完成外翼、尾翼、发动机及系统件安装后，转站进入 D 站位。在 C 站位，机体由三个千斤顶支撑、定位。

（18）浮筒安装、系统调试、淋雨试验（图 5-22）：机体进入 D 站位，先装上浮筒外侧 N 型撑杆，将浮筒固定，再装上内侧两根撑杆。然后进行分系统调试、淋雨试验、内饰安装、全机系统联试，为试飞做准备。

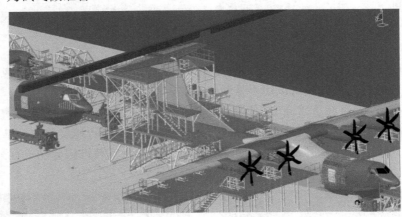

图 5-21　背鳍的安装

图 5-22　浮筒安装、系统调试、淋雨试验

3. 总装生产线大部件物流仿真总结

总装生产线大部件物流仿真以各站位的工装、机体模型及厂房模型为输入，依据各站位的装配工艺流程，展示了总装生产线三维布局，模拟了总装生产线的装配工艺流程，能够对总装生产线的实际生产操作起到重要的指导优化作用。

第6章 数字化控制技术

控制一般是指对一个系统，设计一套方案，在没有人直接参与的情况下，使系统的工作状态或者系统的参数仍按照预定的规律运行，或者在系统受到外界干扰以后，能够自动恢复到原来的状态或者恢复到预定的运动规律。如今，随着系统结构的日益复杂和柔性化设计要求的不断提高，采用数字化的手段对控制系统进行仿真变得十分重要。相比于传统工程设计中机械结构与控制系统分别使用一套模型方案、单独进行仿真设计的设计方法，数字化的控制设计方法可以实现机械结构与控制系统使用一套模型，大大简化了设计过程，提高了设计精度。本章首先介绍自动化控制的基础知识和系统仿真的相关概念[64]；然后介绍广泛应用于过程控制的 PID 控制理论以及如何在 ADAMS/View 中利用控制工具包直接建立控制方案、如何在 MATLAB 中利用 Simulink 环境进行控制系统仿真，并介绍如何利用 ADAMS 与 MATLAB 进行数据交换，实现两者的联合仿真；最后结合具体实际浅谈智能加工的发展趋势。

6.1 自动控制系统及其仿真概述

由于计算机技术、控制技术和信息处理技术等不断发展与相互结合，数字化控制与计算机仿真技术的应用得到迅速发展，为分析、研究和设计各种复杂的控制系统提供了有力的帮助。控制系统仿真是对实际系统的一种抽象，可以描述其本质和要实现的功用。

6.1.1 控制系统概述

控制系统有如下几个基本概念。

(1) 自动控制：指在没有人直接参与的情况下，利用自动控制装置 (简称控制器) 使被控对象 (生产装置、机器设备或其他过程) 的某些物理量 (称为被控量) 自动地按预定的规律运行或变化。

(2) 自动控制系统：指能够对被控对象的工作状态进行控制的系统。

(3) 开环控制：组成系统的控制装置与被控对象之间只有正向控制作用，而没有反向联系，即系统的输出量对控制量没有影响。

(4) 闭环控制：组成系统的控制装置与被控对象之间，不仅存在着正向控制作用，而且存在着反向联系，即系统的输出量对控制量有直接影响。

(5) 反馈：将检测出来的输出量送回到系统的输入端，并与输入信号比较的过程。

(6) 负反馈：反馈信号与输入信号相减。

(7) 正反馈：反馈信号与输入信号相加。

(8) 稳定性：系统重新恢复平衡状态的能力。任何一个能够正常运行的控制系统，必须是稳定的。由于闭环控制系统有反馈作用，故控制过程有可能出现振荡或不稳定。一般来说，控制系统要求动态过程振荡要小，过大的波动会导致运动部件超载、松动和破坏。

图 6-1 为二阶系统在临界阻尼和零阻尼时的单位阶跃响应，如果系统的过渡过程曲线随

数字化设计与制造

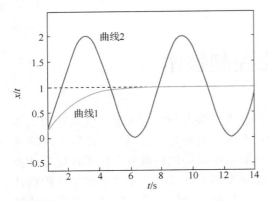

图 6-1　二阶系统在临界阻尼时的单位阶跃响应

着时间的推移而收敛(图 6-1 曲线 1)，则称为稳定系统；若发散(图 6-1 曲线 2)，则称为不稳定系统。显然，不稳定系统在实际中是不能应用的。

从系统的稳定性来考虑，开环控制系统容易实现，因而稳定性不是十分重要的问题。但对闭环控制系统来说，稳定性始终是一个重要问题。因为使用闭环控制系统可能引起超调，从而造成系统振荡，甚至使得系统不稳定。

开环控制系统结构简单、容易建造、成本低廉、工作稳定。一般来说，当系统控制量的变化规律能预先知道，并且对系统中可能出现的干扰有办法抑制时，采用开环控制系统是有优越性的，被控量很难进行测量时更是如此。目前，用于国民经济各部门的一些自动化装置，如自动传货机、自动洗衣机、产品自动生产线等，一般都是开环控制系统。只有当系统的控制量和干扰量均无法事先预知时，采用闭环控制才有明显的优越性。如果要求建立一个复杂而准确度要求高的控制任务，则可将开环控制与闭环控制适当结合起来，组成比较经济、性能较好的控制系统。

要提高控制质量，就必须对自动控制系统的性能提出一定的具体要求。由于各种自动控制系统的被控对象和需要完成的任务各不相同，故对性能指标的具体要求也不一样。但总的来说，都是希望实际的控制过程尽量接近于理想的控制过程。工程上把控制性能的要求归纳为稳定性、快速性和准确性三个方面，即客观上要求稳、快、准。

对反馈控制系统最基本的要求是工作的稳定性，同时对准确性(稳态精度)、快速性及阻尼程度也要提出要求。上述要求通常是通过系统反应特定输入信号的过渡过程及稳态的一些特征值来表征的。过渡过程是指反馈控制系统的被控量 $x(t)$，在受到控制量或干扰量作用时，由原来的平衡状态(或称稳态)变化到新的平衡状态的过程。

6.1.2　控制系统仿真的概述

控制系统仿真是对实际系统的一种抽象，可以描述其本质和要实现的功用。从事控制系统分析和设计的技术人员常常会面临巨大且烦琐的计算工作量，如分析复杂控制系统的动态性能时，需要对系统的高阶微分方程进行求解；在采用根轨迹法配置系统的期望零、极点时，需要先绘制出系统的根轨迹图；在系统校正时，需要绘制系统的频率响应曲线等。如果借助计算机本身强大的计算和绘图功能，再加上系统仿真的软件平台，这些问题都可以很快、很容易地解决，从而极大地提高系统分析和设计的效率。

与第 4 章中提到的仿真概念不同。这里所说的仿真指的是对系统状态的仿真，更加关注的是输入输出参数和被控制量等。系统仿真就是以控制系统的模型为基础，采用数学模型代替实际系统，以计算机为主要工具对系统进行实验和研究。实际控制系统仿真步骤可归纳如下。

(1)描述问题，明确目的，进行方案设计与系统定义。对一个实际系统进行仿真，首先要对该系统的性质定位，明确要解决的问题和达到的最终目的，然后根据仿真最终目的来确定相应的仿真结构，最后给出合理的仿真系统边界条件与约束条件。

(2)建立系统的数学模型。数学模型是描述系统输入、输出变量以及内部各变量之间关系的数学表达式。描述系统各变量间的静态关系时(即模型中的变量不含时间关系)采用静态模型，描述系统各变量间的动态关系时(即模型中的变量包含时间因素在内)采用动态模型。应该指出，控制系统的数学模型是系统仿真的主要依据。

(3)将系统的数学模型转化为仿真模型。已经建立起来的系统数学模型，如微分方程、差分方程等，还不能直接对系统进行仿真，需要根据数学模型的形式、计算机类型、采用的高级语言或其他仿真工具，将数学模型转换成能在计算机上处理的仿真模型。

(4)编制仿真程序。仿真模型建立起来后，可以用高级语言仿真程序来处理非实时系统的仿真。当然，为了提高仿真的效率和速度，也可以直接利用专门的仿真语言和仿真软件包来处理。

(5)进行仿真实验并输出结果。转换后的仿真模型以程序的形式输入计算机中，在给定外部输入信号，设定相关初始参数和变量后，可以在计算机中对仿真系统进行各种规定的实验；通过仿真实验可以对仿真模型与仿真程序做相应的检验和修改；再按照系统要求得到的最终仿真结果通过相应设备以数据、曲线、图形等方式输出；最后根据实验要求和仿真目的对仿真的数据进行分析、整理和总结，得到系统仿真的最终结果报告。

目前借助功能非常强大的控制仿真软件 MATLAB/Simulink 集成环境作为仿真工具来研究分析控制系统已经比较普遍。利用 MATLAB 提供的工具箱和软件包，用户可以完成如系统辨识系统建模、仿真及模糊控制等系统设计的任务，既方便又直观。与 ADAMS 结合，则可以通过 ADAMS 的接口，实现硬件系统与控制系统的联合仿真，本章后续也将就如何在 ADAMS 或者 MATLAB 中建立控制系统以及如何进行联合仿真进行详细的介绍。

6.2　PID 控制算法概述

PID 控制算法是最早发展起来的控制策略之一，由于其算法简单、鲁棒性(系统抵御各种扰动因素——包括系统内部结构、参数的不稳定因素和外部的各种抗干扰能力)较好、可靠性较高而广泛应用于过程控制和运动控制当中。此外，PID 控制还有技术成熟、通用性强、原理简单等优点。尤其随着计算机技术的不断发展，数字 PID 更是被广泛地应用，衍生出了一大批 PID 控制算法，能够实现各种各样的控制效果。

PID 控制器是将偏差的比例(proportion)、积分(integral)和微分(differential)通过线性组合形成控制量，用这一控制量对被控对象进行控制[65]。

6.2.1　模拟 PID 控制算法

在模拟控制系统中，控制器最常用的控制算法就是 PID 算法，一般的模拟 PID 控制系统原理图如图 6-2 所示。

图中，$r(t)$ 为给定值；$y(t)$ 为系统实际输出值；给定值与实际输出值的差值构成控制偏差 $e(t)$，即

$$e(t) = r(t) - y(t) \tag{6.1}$$

式中，$e(t)$ 为 PID 控制器的输入量；$u(t)$ 为 PID 控制器输出和被控对象的输入量。一般来说，PID 控制器控制规律的时域表达式为

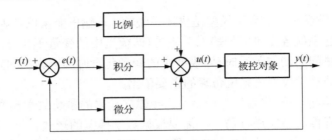

图 6-2　PID 控制系统原理图

$$u(t) = K_P e(t) + K_I \int_0^t e(t)\,\mathrm{d}t + K_D \frac{\mathrm{d}e(t)}{\mathrm{d}t} = K_P\left[e(t) + \frac{1}{T_I}\int_0^t e(t)\,\mathrm{d}t + T_D\frac{\mathrm{d}e(t)}{\mathrm{d}t}\right] \qquad (6.2)$$

式中，K_P 为比例控制增益；K_I 为积分控制增益；K_D 为微分控制增益；T_I 为积分时间常数；T_D 为积分时间常数。

PID 控制的本质，就是对偏差 $e(t)$ 进行加权计算，得到控制器输出的控制量 $u(t)$，驱动受控对象，使偏差 $e(t)$ 向着减小的方向变化，从而达到控制的要求。

当 $T_I \to \infty, T_D = 0$ 时，称为比例（P）控制器；当 $T_D = 0$ 时，称为比例积分（PI）控制器；当 $T_I \to \infty$ 时，称为比例微分（PD）控制器；当 T_I 有限，T_D 不为 0 时，称为比例积分微分（PID）控制器。

对于 PID 控制器来说，一旦 K_P、T_I、T_D 三个参数确定，PID 控制器的性能也随之确定。

将 PID 控制器控制规律的时域表达式(6.2)进行拉普拉斯变换，则得到 PID 控制器的传递函数：

$$D(s) = \frac{U(s)}{E(s)} = K_P\left(1 + \frac{1}{T_I s} + T_D s\right) \qquad (6.3)$$

于是可得几种控制方案的传递函数。

比例（P）控制器：$\qquad\qquad\qquad D(s) = K_P \qquad\qquad\qquad (6.4)$

比例积分（PI）控制器：$\qquad\qquad D(s) = K_P\left(1 + \frac{1}{T_I s}\right) \qquad\qquad (6.5)$

比例微分（PD）控制器：$\qquad\qquad D(s) = K_P\left(1 + T_D s\right) \qquad\qquad (6.6)$

比例积分微分（PID）控制器为式(6.3)，但为了避免纯微分运算，工程上有时会采用超前环节近似代替微分环节：

$$D(s) = \frac{U(s)}{E(s)} = K_P\left(1 + \frac{1}{T_I s} + \frac{T_D s}{\frac{T_D}{N}s + 1}\right) \qquad (6.7)$$

PID 控制器的 K_P、T_I、T_D 三个参数的大小，决定了 PID 控制器比例、积分、微分环节的强弱，接下来说明 K_P、T_I、T_D 三个参数对于控制性能的影响。

总的来说，比例环节是对系统偏差瞬间做出反应，偏差一旦产生便会立刻产生控制作用，使控制量向着偏差减小的方向变化。控制的强弱完全由比例系数 K_P 的大小来决定，比例系数越大，控制作用越强，过渡时间越短，控制过程的稳态误差也越小；但是比例系数增大也会带来系统的振荡，使系统变得不稳定，因此，比例系数 K_P 必须选取合适，使过渡时间短、稳态误差小同时保持系统稳定。

图 6-3 是某电机转速控制系统采用比例控制时，在不同 K_P 值下的单位阶跃响应曲线，图 6-3(a) 是 $K_P=1,3,5$ 的响应曲线，可以看出，随着比例系数 K_P 的增大，系统超调量增加，响应速度变快，稳态误差减小，但稳态误差不会消除；当 $K_P=19$ 时，如图 6-3(b) 所示，系统响应曲线会变成发散曲线，证明其闭环响应已经不稳定，所以比例系数的增大会带来系统的不稳定甚至振荡。

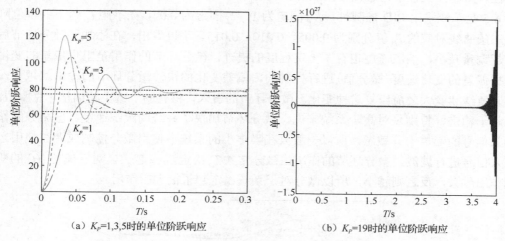

(a) $K_P=1,3,5$时的单位阶跃响应　　　　(b) $K_P=19$时的单位阶跃响应

图 6-3　K_P 对系统输出的影响

图 6-4 是系统采用 PI 控制时，K_P 固定为 1，在不同 T_I 值下的单位阶跃响应，四条曲线对应的 T_I 值分别为 0.03、0.05、0.07、0.09。可以看出，在加入了积分环节后，系统的稳态误差消除了，但是系统的稳定性变大了，随着 T_I 值的不断增大，系统的超调虽然下降，但是响应速度也有所下降。

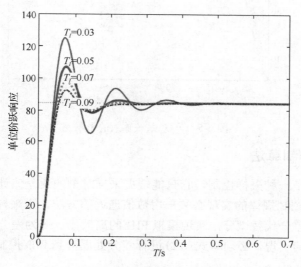

图 6-4　T_I 对系统输入的影响

事实上，从比例积分控制的表达式上也可以看出，只要系统偏差 $e(t)$ 存在，积分作用就会一直作用，其控制作用就会一直作用；只有当 $e(t)=0$ 时，偏差的积分才能是常数，控制作

用才会变为一个不变的恒值，可见积分环节确实能够消除系统的稳态误差。

积分作用虽然会消除系统的稳态误差，但是也会降低系统的响应速度，增加系统的超调量。积分常数 T_I 越大，则积分的累积作用越弱，这时候系统不会产生振荡，也会减慢稳态误差消除的过程，导致系统的过渡时间变长，但是系统的超调量不会太大，能够得到较为稳定的系统输出；反之积分常数 T_I 较小时，积分的累积作用比较强过渡时间变短，但是会影响系统稳定性。所以在工程中，必须根据控制系统的具体要求来确定积分常数。

图 6-5 是系统采用 PID 控制时，K_P 固定为 1，T_I 固定为 0.07，在不同 T_D 值下的单位阶跃响应，三条曲线对应的 T_D 值分别为 0.005、0.010、0.015。可以看出，在添加了微分环节后，系统的超调量减小，响应速度也有了一定程度的提升，微分环节的作用是阻止偏差的变化，它是根据偏差的变化速度(微分值)进行控制的。偏差变化的快，微分环节的输出就越大，并能在偏差值继续变大之前修复这种变化。微分环节的引入，将有助于减小超调量，克服振荡，使系统趋于稳定，特别是对高阶系统来说，微分环节加快了系统的跟踪速度。但微分的作用对于输入信号的噪声十分敏感，所以一般只在噪声小的系统中使用微分控制或者在使用之前先对输入信号进行滤波。微分环节的作用由微分常数 T_D 决定，T_D 越大，对于偏差 $e(t)$ 的变化的抑制作用越大，反之则越小，所以微分对于系统稳定起了很大的作用。

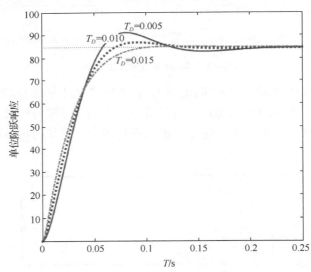

图 6-5 T_D 对系统输入的影响

6.2.2   数字 PID 控制算法

由于计算机控制是一种采样控制，它只能根据采样时刻的偏差值计算控制量。在计算机控制系统中，PID 的控制规律的实现必须采用数值逼近的方法，当采样周期相当短时，用求和代替积分，用后向差分代替微分，实现模拟 PID 的离散化，变为差分方程。

为了便于计算机的实现，必须将式(6.2)进行差分处理得到 PID 控制规律的差分方程，为此可做如下的近似：

$$\int_0^t e(t)\mathrm{d}t \approx \sum_{i=0}^{k} Te(i) \tag{6.8}$$

$$\frac{\mathrm{d}e(t)}{\mathrm{d}t} \approx \frac{e(k)-e(k-1)}{T} \tag{6.9}$$

式中，T 为采样周期；k 为采样序号。

由式(6.2)、式(6.8)和式(6.9)可得数字 PID 位置型控制算式为

$$u(k) = K_P\left[e(k)+\frac{T}{T_I}\sum_{i=0}^{k}e(i)+T_D\frac{e(k)-e(k-1)}{T}\right] \tag{6.10}$$

由式(6.10)不难看出，位置型的控制算法不够简便，这主要是因为要对偏差 $e(i)$ 进行累加，不仅要占用较多的储存空间，而且也不便于程序的编写，根据式(6.10)不难写出 $u(k-1)$ 的表达式为

$$u(k-1) = K_P\left[e(k-1)+\frac{T}{T_I}\sum_{i=0}^{k-1}e(i)+T_D\frac{e(k-1)-e(k-2)}{T}\right] \tag{6.11}$$

将式(6.10)与式(6.11)相减，即可得到 PID 的增量型控制算式为

$$\Delta u(k) = u(k)-u(k-1)$$
$$= K_P\left[e(k)-e(k-1)\right]+K_I e(k)+K_D\left[e(k)-2e(k-1)+e(k-2)\right] \tag{6.12}$$

式中，K_P 为比例增益系数；K_I 为积分系数，$K_I = K_P T/T_I$；K_D 为积分系数，$K_D = K_P T_D/T$。

为了方便计算机编程，有时候也将式(6.12)写成：

$$\Delta u(k) = q_0 e(k)+q_1 e(k-1)+q_2 e(k-2)$$
$$q_0 = K_P\left(1+\frac{T}{T_I}+\frac{T_D}{T}\right)$$
$$q_1 = K_P\left(1+\frac{2T_D}{T}\right) \tag{6.13}$$
$$q_2 = K_P\frac{T_D}{T}$$

对于位置型和增量型的控制算法，在控制系统中，如果执行机构采用调节阀等结构，则控制量对应阀门开度表征了执行机构的位置，此时控制器应该采用位置型控制算法，如图 6-6 所示；如果执行机构采用步进电机等结构，每个采样周期控制器输出的控制量都是相对于上次控制量的增加，此时就应该采用增量型控制算法，如图 6-7 所示。

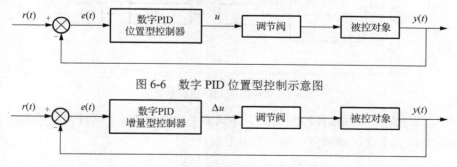

图 6-6　数字 PID 位置型控制示意图

图 6-7　数字 PID 增量型控制示意图

6.2.3　数字 PID 的改进

如果单纯用数字 PID 控制模仿模拟 PID 控制器，并不会获得更好的效果，因此必须发挥

计算机运算速度快、逻辑判断能力强、编程灵活的优势，才能在控制性能上超过模拟控制器。

从改进结构和效果上，数字 PID 的改进可以分为积分项改进、微分项改进、时间最优 PID 控制和带死区的 PID 控制。

(1) 积分项改进。在 PID 控制中，积分的作用是消除残差，为了提高控制性能，可对积分项采取以下四项改进措施：①积分分离；②抗积分饱和；③梯形积分；④消除积分不灵敏区。

(2) 微分项改进。微分项改进有：①不完全微分 PID 控制；②微分先行 PID 控制。

(3) 时间最优 PID 控制。快速时间最优控制原理也称最大值原理，是研究满足约束条件下获得允许控制的方法。用最大值原理可以设计出控制变量只在 $u(t) \leqslant 1$ 范围内取值的最优控制系统。而在工程上，设 $u(t) \leqslant 1$ 都只取+1 或-1 这两个值，而且依照一定法则加以切换，使系统从一个初始状态转到另一个状态所经历的过渡时间最短，这种类型的最优切换系统，称为开关系统。

在工业控制应用中，最有发展前途的是 Bang-Bang 控制与反馈控制相结合的系统，这种控制方式在给定值升降时特别有效，具体形式为

$$\left| e(k) \right| = \left| r(k) - y(k) \right| \begin{cases} > \alpha, & \text{Bang-Bang控制} \\ \leqslant \alpha, & \text{PID控制} \end{cases} \tag{6.14}$$

时间最优位置随动系统，从理论上讲应采用 Bang-Bang 控制。但 Bang-Bang 控制很难保证足够高的定位精度，因此对于高精度的快速伺服系统，宜采用 Bang-Bang 控制和线性控制相结合的方式，在定位线性控制段采用数字 PID 控制就是可选的方案之一。

(4) 带死区的 PID 控制。在计算机控制系统中，某些系统为了避免控制动作过于频繁，消除由于频繁动作所引起的振荡，有时采用带有死区的 PID 控制系统，如图 6-8 所示，相应的算式为

$$P(k) = \begin{cases} e(k), & \left| r(k) - y(k) \right| = \left| e(k) \right| > \varepsilon \\ 0, & \left| r(k) - y(k) \right| = \left| e(k) \right| \leqslant \varepsilon \end{cases} \tag{6.15}$$

在图 6-8 中，死区 ε 是一个可调参数，其具体数值可根据实际控制对象由实验确定。ε 值太小，使调节过于频繁，达不到稳定被调节对象的目的；如果 ε 取得太大，则系统将产生很大的滞后；当 $\varepsilon = 0$ 时，即常规 PID 控制。

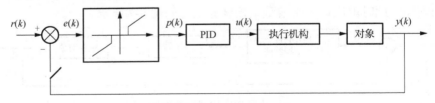

图 6-8　带死区的 PID 控制系统图

该系统实际上是一个非线性控制系统。即当偏差的绝对值小于等于死区参数时，输出为 0；当偏差绝对值大于死区参数时，输出为偏差值。

6.3　ADAMS/View、MATLAB/Simulink 及其联合仿真

6.1 节和 6.2 节讲述了自动化控制的基本概念、系统仿真的基本知识以及在过程控制中应

用最广泛的 PID 控制的基础理论。随着计算机技术的不断发展和各类仿真软件的不断涌现，工程师已经可以利用很多软件对控制系统进行仿真，为工程设计带来了极大的便利。本书将对如何在 ADAMS/View 和 MATLAB/Simulink 中建立控制系统进行介绍，并用实例说明在工程问题中如何利用这两个软件来进行联合仿真[66-68]。

　　ADAMS 提供了两种对机电控制系统进行仿真分析的方法[69,70]。第一种是利用 ADAMS/View 提供的控制工具包。第二种是使用 ADAMS/Control 模块。

6.3.1　ADAMS/View 中直接建立控制方案

　　控制工具包提供了简单的线性控制模块和滤波模块，可以方便地实现前置滤波，PID 控制和其他连续时间单元的模拟仿真。对于一些简单的控制问题，利用 ADAMS/View 的控制工具包直接在 ADAMS/View 样机模型中添加控制模块，就可以直接完成机电控制系统的仿真分析。

1. 建立方法

　　在 ADAMS 中有六种方法建立控制器模型。其中的三种方法利用 ADAMS 软件本身就可实现，另外三种方法则需要其他的外部代码。

　　方法一：力和力矩的函数。最直接的控制方法就是定义力和力矩为时间函数。例如，一个机械系统模型具有下面的力矩形式 $F(\text{time}) = 20.0 * WY$（.model. body. MAR_1），即一个基于角速度的阻尼类型的力矩，增益为 20。这些函数是连续的，且是高度非线性的。利用 STEP 函数来控制力/力矩的开启和关闭。

　　方法二：用户子程序（user written subroutines）。用户以子程序的方式实施控制规则，并把这种规则与力或力矩联系起来。

　　方法三：ADAMS/View 控制工具包。在 ADAMS/View 里包含了一些基本的控制工具栏和基本的控制单元，如滤波器、增益和 PID 控制器。这些控制器在 ADAMS 中是以微分方程的形式实现的。该控制器是嵌入在 ADAMS/View 中的，使用它时不需要单独的 ADAMS/Controls license，对此在本节详细介绍。

　　方法四：导出状态矩阵的方法（exporting state matrix）。ADAMS/Linear 模块，用户定义输入，如受控的力矩和输出、角速度和控制误差，然后导出整个系统的状态矩阵。该矩阵是 MATLAB 或 Matrix-x 的格式。需要注意的是导出的物理模型是在某个平衡点附近进行线性化的结果。该方法的主要优点就是可以利用外部软件中强大的控制器设计工具。

　　方法五：联合仿真（co-simulation）。利用 ADAMS/Control 把 MATLAB/Simulink、Matrix-x 或者 EASY5 与 ADAMS 模型连接在一起进行联合仿真。此时受控的物理模型是完全非线性的。

　　方法六：控制系统导入（control system import）。将 Simulink 或 EASY5 中的模块转化为 C 或 Fortran 代码然后导入 ADAMS 中作为广义状态方程（general state equations）。这样仿真就完全在 ADAMS 内部进行。这样做的最大好处就是机械系统和控制系统的积分都由 ADAMS 的积分器来完成，大大提高了效率，避免了由于积分步长不一致带来的错误。

2. 控制工具包

　　在 ADAMS/View 样机模型中添加控制模块，一般通过以下四个基本步骤实现。

　　(1)绘制模型的控制方框图。在向样机模型中添加控制模块和过滤器时应该先绘制样机的控制方框图，在控制方框图中标出样机、控制模块和前置过滤器的输入，绘制模块和前置过滤器的输出，以及必要的开关等控制关系。一种典型的控制方式如图 6-9 所示。

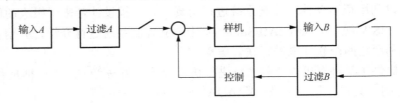

图 6-9　样机模型控制图

向控制模块和过滤器输入的信息，应该包括：①随时间变化的力函数，这些力函数看作外部的输入(图 6-9 中的输入 A)；②反馈的信息，这些信息视作内部输入的输入 B。

来自控制模块和前置过滤器的输出应该包括：①希望显示跟踪或绘图的经过过滤的模型测量结果；②来自样机模型的输出，这些输出将用作控制模块的输入。

为了调试样机或者观察控制效果，在控制图中设置一些开关，反馈回路。

(2)产生所有的输入模块。使用输入函数将输入同其他的控制模块连接起来。例如，如果希望使用样机模型的测量结果作为控制模块的输入，必须首先产生一个输入模块来设置控制模块的输入。

(3)产生其他的控制和滤波模块，并联这些模块。

(4)检查所有的输入和输出连接。

3. 控制模块类型

在 ADAMS/View 控制工具栏中有以下几种控制模块。

(1)输入函数模块。不管控制模块或滤波模块是否从其他的控制模块或滤波模块输入信号，都需要有输入函数模块。在输入函数模块中含有向模块输入信号的外部时间函数，以及输入模块的样机模型各种测量结果。

(2)求和连接函数。求和连接函数用于对其他标准模块的输出信号进行相加或相减运算，求和连接函数使用任何有效的控制模块的输出作为输入，通过+/−号按钮设置输入的信号是相加还是相减。

(3)增益、积分、低通过滤和导通延迟过滤模块。增益、积分、低通过滤和导通延迟过滤模块用于产生基本线性转换函数的频域表示方法。ADAMS/View 的实数设计变量将这些常数进行参数化处理，以便能够快速分析所连接的模块或增益的变化造成的影响。使用任何控制模块的装配名称定义这些模块的输入场。

(4)用户自定义转换模块。用户自定义模块产生的通用的关系多项式模块，通过确定多项式的系数决定多项式，多项式的分子的系数采用 n_0，n_1，n_2 的方式排序表示。

(5)二次过滤器。通过定义无阻尼自然频率和阻尼比，利用二次过滤器模块设置二次过滤器。使用 ADAMS/View 的实数设计变量对无阻尼自然频率和阻尼比进行参数化处理，以便能够快速分析所连接模块的频率或阻尼比的变化造成的影响。

(6)PID 控制模块。PID 控制模块产生通用的 PID 控制，使用 ADAMS/View 的实数设计变量对模块中的 P、I、D 增益进行参数化处理以便能够快速研究比例、积分和微分增益变化对控制效果的影响。

(7)开关模块。使用开关模块非常方便地阻断输入任何模块的信号 t 将开关模块连接在反馈回路中，能方便地观察从开路到闭路的变化。开关模块取任何控制模块作为共输入。

4. 定义控制环节

在 ADAMS/View 环境中，单击建模工具条 Elements 中的"控制"按钮，弹出建立控制环节的工具包，如图 6-10 所示。在控制环节工具包中，提供了如下几种基本环节。

(1) 输入环节。输入环节是控制方案的输入，与多体模型连接，从多体模型获取输入数据，通常是模型中有关方向、位置或载荷信息的函数，输入环节通常作为其他环节的输入。在控制环节工具包中单击"输入环节"按钮，然后通过定义函数来创建输入环节，通常用到位移、速度和加速度等函数。

(2) 比较环节。它可以将两个信号进行相加或相减。单击控制环节工具包中的"比例环节"按钮，然后输入两个信号。

(3) 增益环节(比例环节)。它将输入的信号乘以一个比例系数，得到另外放大或缩小的信号。然后输入比例系数(gain)和积分运算信号。

(4) 积分环节。将输入的信号在时域内进行积分求和计算。单击控制环节工具包中的"积分环节"按钮，然后输入常数 a 和输入需要进行积分运算的信号。

(5) 低通滤波环节。它能让低频信号通过而抑制高频信号。单击控制环节工具包中的"低通滤波"按钮，然后输入常数 a 和输入的信号。

图 6-10 控制模块对话框

(6) 超前滞后环节。它可以使输入的信号的相位超前或滞后。单击控制环节工具包中的"超前-滞后环节"按钮，然后输入超前和滞后系数 b 和 a，以及输入信号。

(7) 用户自定义传递函数。如果没有控制环节工具包中没有用户需要的传递函数，用户可以自定义传递函数。单击控制环节工具包中的"自定义"按钮，输入传递函数分子多项式中的系数(numerator coefficient)和分母多项式系数(denominator coefficient)以及输入信号。

(8) 二阶滤波环节。单击控制环节工具包中的"二阶滤波环节"按钮，需要输入自然频率和阻尼以及输入信号。

(9) PID 环节(比例—积分—微分)。可以由前面几个环节组合得到，单击控制环节工具包中的 PID 按钮，输入 PID 环节的三个系数以及输入信号(input)和对时间求导数后的信号(derivative input)。

(10) 开关环节。可以将某个环节的输入信号和输入信号切断，以对比在不同输入的情况下，控制系统的效果如何。单击控制环节工具包中的"开关环节"按钮，选择开关环节的状态，开还是关(close switch)，以及输入信号。

6.3.2 利用 ADAMS/Control 进行联合仿真

利用 ADAMS/Control 模块，可以将机械系统仿真分析工具与控制设计仿真软件有机地连接起来[71,72]，实现以下功能：①将复杂的控制添加到机械系统样机模型中，然后对机电一体化的系统进行联合分析；②直接利用 ADAMS/View 程序建立控制系统分析中的机械系统仿真模型，而不需要使用数学公式建模；③分析在 ADAMS/View 环境或者控制应用程序环境获得的机电联合仿真结果。ADAMS/Control 模块支持同 EASY5、MATLAB、Matrix x 等控制分析软件进行联合分析。

　　对机械和控制系统进行联合分析，提供了一种全新的设计方法。在传统的机电一体化系统设计过程中，机械工程师和控制工程师虽然在共同设计开发一个系统，但是他们各自都需要建立一个模型，然后分别采用不同的分析软件，对机械系统和控制系统进行独立的设计、调试和试验，最后建造一个物理样机从而进行机械系统和控制系统的联合调试。如果发现问题，机械工程师和控制工程师又需要回到各自的模型中，修改机械系统和控制系统，然后再进行物理样机联合调试。使用 ADAMS/Control 控制模块，机械工程师和控制工程师共同享有同一个样机模型，进行设计、调试和试验。利用虚拟样机对机械系统和控制系统进行反复的联合调试，直到获得满意的设计效果，然后进行物理样机的建造和调试。在机电系统的联合仿真中，一般机械系统由 ADAMS 提供，控制方案由 MATLAB 提供。

　　显然，利用虚拟样机技术对机电一体化系统进行联合设计、调试和试验的方法，同传统的设计方法相比具有明显的优势，大大地提高设计效率，缩短开发周期，降低开发产品的成本，获得优化的机电一体化系统整体性能。

6.3.3　实例分析

1. 偏心连杆的转速控制

　　启动 ADAMS/View，新建模型并将单位设置成 MMKS，命名为 Link_PID。单击建模工具条 Bodies 中的"连杆"按钮，将连杆参数设置为 Lenth=400, Width=20, Depth=20，在图形区域创建一根连杆。单击 Connectors 中的"旋转副"按钮，参数保持默认，单击连杆，然后先单击图形区域的空白处选择大地，再单击连杆中心位置处的质心 Marker 点，将连杆和大地用旋转副关联起来。单击 Bodies 中的"球体"按钮，将球体中的选项设置为 Add to Part，半径设置为 20，在图形区域单击连杆，再单击连杆右侧的 Marker 点，将球体添加到连杆上，此时连杆的质心发生了移动。之后单击建模工具中 Force 中的单分量力矩模型，参数默认，Torque 中输入 0，在图形区域单击连杆，再单击连杆左侧的 Marker 点，在连杆上创建一个单分量的力矩，如图 6-11 所示。

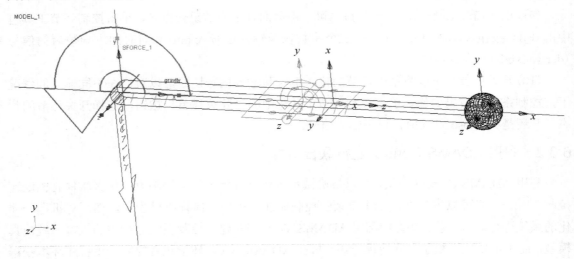

图 6-11　偏心连杆模型

　　单击建模工具中的 Simulation 中的"仿真计算"按钮，将仿真时间设置为 5s，仿真步数设置为 1000 步，然后进行仿真计算，观看连杆在重力作用下的往复自由摆动，由于该模型为理想模型不考虑摩擦和其他形式的能量损失，所以仿真结果如图 6-12 所示。

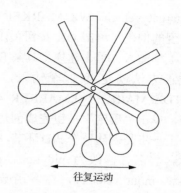

　　单击工具条中 Design Exploration 中的设计变量按钮后，弹出定义设计变量对话框如图 6-13 所示。在 Name 中输入 DV_target_velocity，Type 选择 Real，Units 选择 no units，在 Standard Value 中输入 800，单击 OK 按钮创建第一个设计变量，DV_target_velocity 变量用于参数化连杆的转速，是进行 PID 控制时，我们想要

往复运动

图 6-12　偏心连杆在重力作用下的往复运动

连杆达到的转速。以同样的方法创建另外三个设计变量，名称分别是 DV_P、DV_I 和 DV_D，Type 都是 Real，Units 都是 no _units，Standard Value 都输入 800，ValueRange by 都是选择 Absolute Min and Max Values，在 Min Value 中都是输入 1,Max Value 中都是输入 1000。

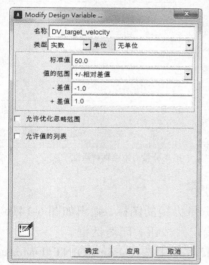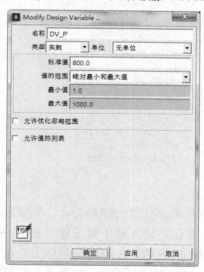

图 6-13　创建设计变量对话框

　　单击建模工具条 Elements 中的"控制"按钮，弹出创建控制环节的工具包，在控制环节工具包中单击"输入环节"按钮，将 Name 修改为 Control_PID. imput_velocity，单击 Function 输入框后的按钮，弹出函数构造器，先将上部的函数输入框中的内容清除，并输入设计变量 DV_target_velocity，然后再键入减号"-"，在函数构造器的函数类型下拉列表中选择 Velocity 函数项，然后在其下面的函数列表中单击 Angular Velocity About z，再单击 Assist 按钮，弹出辅助对话框，在 To Marker 输入框中右击，在弹出的右键快捷菜单中选择 Marker→Pick 项，在图形区的旋转副中心位置处右击，弹出选择对话框，然后选择 PART 2.MARKER_3 即可；用同样的方法为 From Marker 输入框拾取旋转副关联的 ground.MARKER_4，单击 OK 按钮，函数构造器中的函数表达式应为 DV_target_ velocity-WZ(MARKER_3,MARKER_4)，还需要在该函数表达式的末端输入 *RTOD，将弧度值转换成角度值，最后的表达式为

DV_target_velocity-WZ(MARKER_3,MARKER_4)*RTOD，这个表达式是目标角速度与连杆角速度的偏差，单击 OK 按钮关闭函数构造器，在控制环节工具包对话框中单击 OK 按钮创建第 1 个输入。单击建模工具条 Elements 中的“控制”按钮盘，单击“输入环节”按钮，用同样的方法创建第 2 个输入，名称为 Control_PID.input_acceleration，其函数表达式为 0-WTDZ(MARKER_3,MARKER_4)*PTOD，这个表达式是目标角加速度与旋转副的角加速度的差，单击“确定”按钮完成创建。

下一步是创建一个 PID 环节，单击建模工具条 Elements，再单击 PID 环节按钮如图 6-14(a) 所示，将名称修改为 pid_link，在输入框中右击，在右键快捷菜单中选择 controls_input-Guesses-input_velocity，在等函数输入框中右击，在右键快捷菜单中选择 controls_input-Guesses-input_acceleration，在 P 增益输入框中输入设计变量 DV_P，I 增益输入框中输入设计变量 DV_I，D 增益输入框中输入设计变量 DV_D，初始条件为 0，单击“确定”按钮。

(a) PID 控制环节对话框

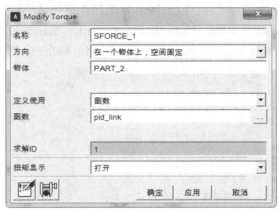

(b) 单分量力矩编辑对话框

图 6-14　PID 控制对话框

接下来将单分量力矩参数化，在图形区域双击单分量力矩的图标，弹出如图 6-14(b) 所示对话框，在函数输入框中直接输入 pid_link，单击“确定”按钮关闭对话框。

在图形区域内，在旋转副图标上右击，在右键快捷菜单中选择 Joint:JOINT_1-Measure 项后，弹出创建测试对话框，如图 6-15 所示，将测量名称修改为 JOINT_velocity，在特性的下拉列表中选择 Relative Angular Velocity 项，将分量设置成 Z，从/在选择 ground.MARKER_4，单击“确定”按钮后创建第一个测试。用同样的方式为单分量力矩建立一个测试，名称为 SFORCE_torgue, Characteristic 为 Torque，分量为 Z。

单击建模工具条 Design Exploration 中的“函数测试”按钮，在测量名称中输入 velocity_deviation，在函数表达式输入框中输入 DV_target_velocity-WZ(MARKER_3，MARKER_4)*RTOD，单击“确定”按钮。

接下来进行控制仿真计算。单击建模工具条 Simulation 中的仿真计算按钮，将仿真时间设置为 50s，仿真步数设置为 1000 步，然后开始进行仿真计算。偏心连杆的角速度、力矩和控制目标的角速度偏差的测试曲线分别如图 6-16～图 6-18 所示。

图 6-15　建立旋转副和力矩的测试

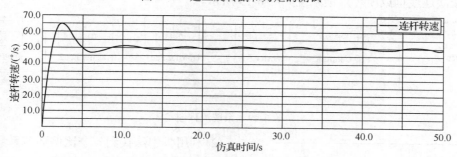

图 6-16　连杆的旋转速度

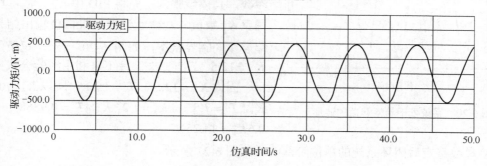

图 6-17　驱动力的力矩

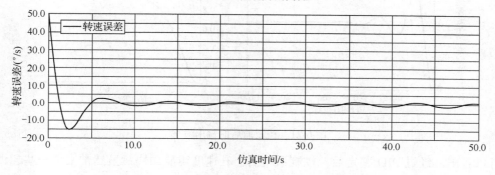

图 6-18　连杆实际速度与目标速度的偏差

　　从图中可以看出，在两秒左右的时候，连杆的旋转速度已经达到了平均转速，并且在 2～5s 有短暂的超调，偏差稍大，但是很快就达到了稳定状态，在之后的时间点上，由于重力的持续影响也存在一定的误差，但是误差值并不大。可以说通过 PID 控制，基本上控制了这一偏心连杆的匀速转动，达到了预计的控制要求。

2. 控制系统 PID 校正

（1）创建 MODEL 文件，按照以下顺序建立所需的模块。

① 传递函数模块（continuous/transfer FCN）根据装置传递函数定义相应的系数。

② PID 模块定义 PID 参数（$K_P = 1$，$K_I = 0$，$K_D = 0$）。

③ SUM 模块（math operations/sum）。

④ 输入模块（sources/step）。

⑤ 输出模块（sinks/floating scope）。

⑥ 依次连线构成闭环反馈系统如图 6-19 所示。

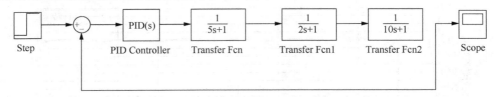

图 6-19　系统流程图

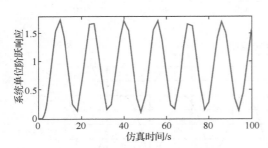

图 6-20　系统处于等幅震荡的波形

　　（2）利用折中法找到一个比例环节系数 K_P，使系统刚好处于临界状态，再利用经验公式计算整定参数；具体步骤为：先将 PID 中 K_I、K_D 设为零，调整 K_P 数值并观察示波器结果，使输出结果为等幅震荡的临界状态，如图 6-20 所示，记录此时的 $K'_P = 12.5$，$T' = 15.2$。接下来利用经验公式整定。

　　因为 $K'_P = 12.5$，$T' = 15.2$，所以 $K_P = 0.075 * K'_P * T' = 7.5$；$K_I = 1.2 * K'_P / T' = 0.9868$；$K'_D = 0.6K'_P = 14.25$。

（3）参数整定后闭环系统的单位阶跃响应如图 6-21 所示。

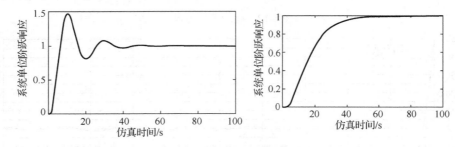

图 6-21　校正前后的输出波形

　　可以看出，经过 PID 整定后，控制系统的上升速度明显加快，虽然带来了一些超调和震荡，但是超调量控制在了 1.5 以内，并且能够较快地收敛，明显改善了系统的输出特性。当然如果系统对超调量和其他数据指标有特殊的要求,也可以通过调节 PID 的参数进行进一步的调节。

3. 直流电机双环调速系统的校正

直流伺服电机广泛应用于机械设备的驱动系统,一般小功率直流电动机采用双环调速系统。所谓双环,是指电流环和速度环,这是电力拖动和电机控制领域内普遍采用的一种技术。其传递函数方框图如图 6-22 所示。

由于电流环的频带接近于 1kHz,而速度环的同频带要小很多倍,故可以近似认为电流环是一个比例环节;电动机的反点式可以忽略不计,这样就可以将双环调速系统的方框图简化,如图 6-23 所示。

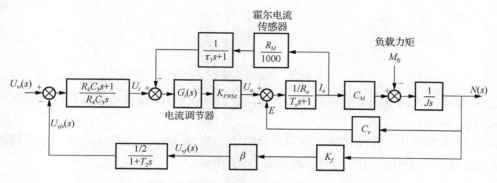

图 6-22　双环调速系统方框图

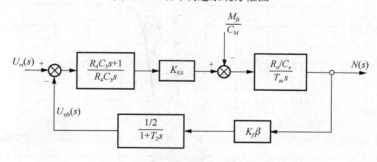

图 6-23　双环调速系统简化方框图

比例控制具有抗干扰能力强、控制及时、过渡时间短的优点,但存在稳态误差。增大比例系数可提高系统的开环增益,减小系统的稳态误差,从而提高系统的控制精度,但这会降低系统的相对稳定性,甚至可能造成闭环系统不稳定;因此,在系统校正和设计中,比例环节的参数选择至关重要。具体仿真步骤如下。

(1)创建 MODEL 文件,按照以下顺序建立所需的模块。

① 传递函数模块(continuous/transfer FCN)根据装置传递函数定义相应的系数。

② PID 模块定义 PID 参数($K_P = 1$,$K_I = 0$,$K_D = 0$)。

③ SUM 模块(math operations/sum)。

④ 输入模块(sources/step)。

⑤ 输出模块(sinks/floating scope)。

依次连线构成闭环反馈系统如图 6-24 所示。

这里需要注意的是:由于电路中含有运算放大器和电动机,他们都存在饱和环节,所以在仿真过程中，要加入两个饱和环节从而使仿真更加精确，将两个饱和环节的参数设置为±11V和±120rad/s。

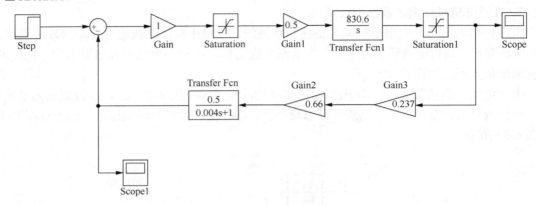

图 6-24　Simulink 系统流程图

（2）在校正前，比例调节器的增益 $K_P = 1$，我们先观察 scope 中电机转速的时域响应曲线如图 6-25（a）所示。

（3）进行系统校正，梯度提高比例调节器的增益 $K_P = 2, 3, 4$，观察 scope 中电机转速的时域响应曲线如图 6-25（b）、图 6-25（c）和图 6-25（d）所示。

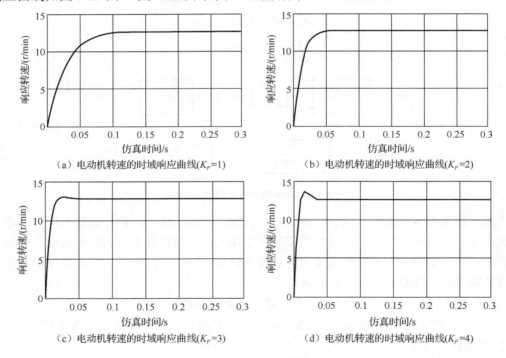

　　（a）电动机转速的时域响应曲线(K_P=1)　　　　　（b）电动机转速的时域响应曲线(K_P=2)

　　（c）电动机转速的时域响应曲线(K_P=3)　　　　　（d）电动机转速的时域响应曲线(K_P=4)

图 6-25　电动机转速在不同比例调节器增益下的时域响应曲线图

可以看出，经过系统校正后，随着比例调节器增益的不断增大，控制系统的上升速度明显加快，但是带来了不稳定因素——超调如果继续增加可能还会产生震荡，当 K_P=3 时，超调量并不大，并且能够较快地收敛，明显改善了系统的输出特性；当然如果系统对超调量和其他数据指标的要求较宽松，也可以使用 K_P=4 或者更大的比例系数，从而加快系统的响应速度。

4．球—梁精确控制系统

控制系统仿真按照如下步骤进行。

（1）输出小球—杠杆模型的线性化文件。启动 ADAMS，调入 ball-beam 模型（beam-ball.cmd），如图 6-26 所示，这里略去了机械结构部分的建模过程，可以根据 6.3.1 节的偏心连杆建模过程进行建模。在建模结束后，编写输出脚本文件，输出线性模型 my_beam_ball_linmod 脚本文件。

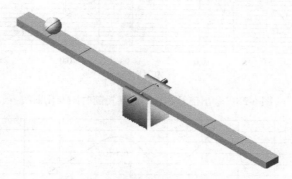

图 6-26　ADAMS beam_ball 模型

（2）利用 MATLAB 进行综合分析。编写 m 文件，读入 ADAMS 生成的线性模型。这时要注意两个软件的工作目录要在同一路径下，读入线性化模型并对数据进行滤波等预处理后，利用 6.3.2 节介绍的 MATLAB/Simulink 进行扰动仿真分析，Simulink 模型如图 6-27 所示。

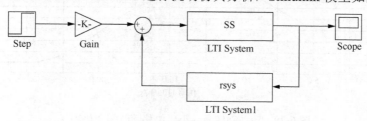

图 6-27　Simulink 模型

其中各个环节的参数均根据 ADAMS 导出的数据确定；至此，我们通过 ADAMS 输出的脚本文件，在 MATLAB 中建立了一个带有反馈的控制方案。

将这一控制方案返回给 ADAMS 进行下一步的仿真。

（3）编写后处理文件，将控制方案模型输出。经过这一步的处理，MATLAB 中产生的控制方案以 A、B、C、D 四个矩阵的形式输出，此时回到 ADAMS 环境，修改模型名称，并依照顺序定义输入变量组、输出变量组 $(A，B，C，D)$ 矩阵，之后定义线性状态方程，定义控制信号变量，修改杠杆力矩变量，并在 ADAMS 中进行仿真计算。输出信号、转动副力矩、转动副转角和小球的位移随时间变化曲线分别如图 6-28 和图 6-29 所示。

可以看出，通过 ADAMS 的机械结构和 MATLAB 控制方案的共同仿真，能够使小球从杠杆中心点出发，向右侧滚动并精确地静止在靠近右侧的实线上，之后小球沿杠杆向左滚动，同样精确地静止在靠近左侧的实线上，实现了预期的控制要求，结果如图 6-30 所示。

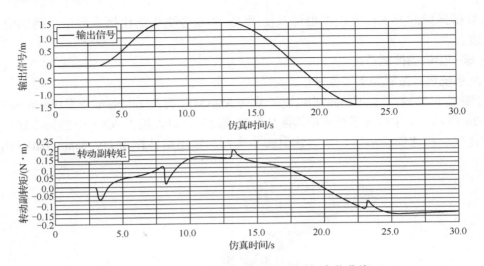

图 6-28　输出信号、转动副转矩随时间变化曲线

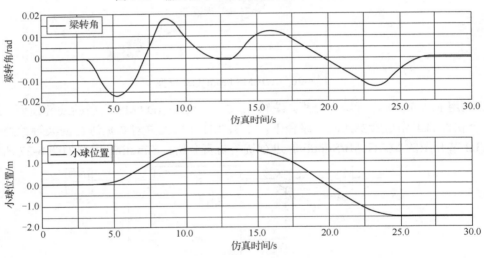

图 6-29　转动副转角、小球位移随时间变化图像

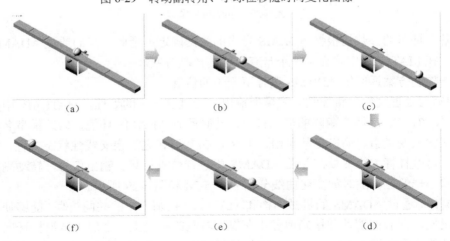

（a）　　　　　　　（b）　　　　　　　（c）

（f）　　　　　　　（e）　　　　　　　（d）

图 6-30　控制结果

6.4　数字化加工过程控制

　　数字化加工过程中，刀具磨损、工件变形、机床主轴误差等各种因素的存在，会使得实际加工的与想要获得的工件存在一定的偏差，更严重时会导致加工零部件的报废。因此，对零部件加工过程实时监测，遇到上述故障时，动态地控制机床动作，再通过监测信号判断加工是否归于理想状态，从而形成一个闭环是十分重要的，也是智能加工最重要的功能[73]。如图 6-31 为加工过程控制的闭环控制流程。

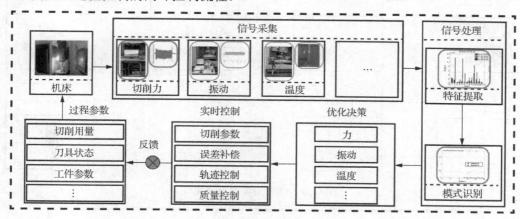

图 6-31　加工过程控制流程

　　数字化加工过程控制技术结合数据采集和智能控制技术，通过各类监测信号实时获取加工中的力、振动、温度、刀具位置等信息，并通过计算机算法决策和控制，实现加工过程控制，提高零件加工效率和产品合格率。下面分别介绍铣削加工温度监测和铣削颤振监控的关键技术与实施方式，最后简述智能制造应具备的功能和所涉及的学科领域。

6.4.1　数字化铣削温度监测平台

　　数字信号在线监测是实现加工过程控制的重要环节。与离线检测不同，在线监测加工过程中实时获取加工信号，不需要停机检测，并且具备实时性。下面以铣削加工的温度监测为例，说明温度在线监测方法与关键技术。

　　在硬件方面，温度信号的采集主要包含如下三个类型的元器件。

　　（1）传感器。在加工中，常用的传感器包含热电偶、应力应变片、声发射传感器、加速度传感器等。传感器能感受到被测量的信息，并能将感受到的信息，按一定规律变换成为电信号。

　　（2）放大器。放大器的主要作用是将微信号放大到采集卡可以识别的电信号，并能够实现比较简单的运算。

　　（3）数据采集卡。采集卡是将模拟或数字信号送至上位机，实现采集功能的主要元器件。在加工监测中，常用到的是 A/D 转换类型的板卡。

　　图 6-32 所示为数控铣刀刀尖温度采集的硬件连接示意图。

　　如图 6-32 所示，注意为了防止绞线现象，铣刀刀尖温度采集须采用无线传输方式实现两台计算机间的通信。此外，在信号采集过程中，还需要对信号进行处理。在处理过程中，应设定合适的采样频率。采样频率应选择合适的范围。过小的采样频率会失真，影响实际模拟信号的还原。过大的采样频率会超出计算机的计算能力。在采集过程中还要对信号进行滤波和加窗处理。滤波主要是降低各元器件和环境的噪声信号，提高信噪比，信号加窗能够防止信号能量泄露。对于简单的信号还原，可以利用 National Instruments 公司的 Labview 软件进行编程。图 6-33 所示为温度信号采集的 Labview 信号采集界面和温度信号的还原。

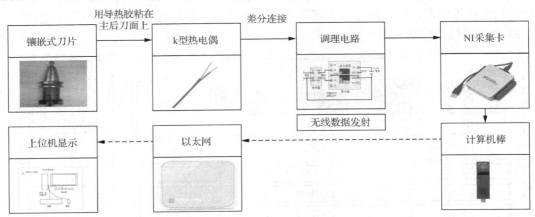

图 6-32　铣刀刀尖温度采集

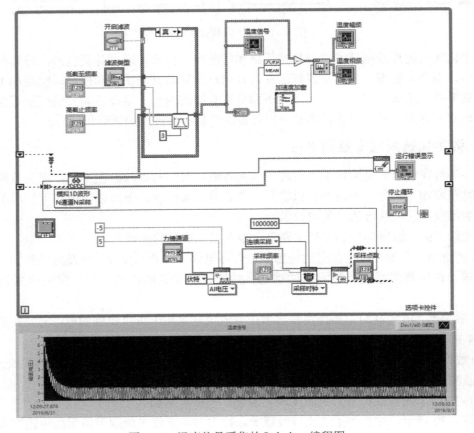

图 6-33　温度信号采集的 Labview 编程图

某些情况下，需要对已采集的信号进行分析处理。这时，就需要结合算法识别信号特征。对于信号特征，常用的提取算法包括时域特征提取、频域特征提取、EMD 特征提取及其衍生算法、小波特征提取及其衍生算法等。特征提取后再结合识别算法，就可以实时诊断信号的状态，对被测对象进行评估监测。

6.4.2　数控铣颤振监测与控制

铣削颤振是制约零件铣削加工表面质量和加工效率的因素。一般认为，颤振是由于再生效应产生的。关于颤振的识别，与一般故障诊断方法一样，是通过对相关信号的特征提取、识别来开展的。

下面以 VMD 和能量熵结合作为特征提取算法为例，说明铣削力信号颤振诊断方法。经滤波后的重构力信号如图 6-34 所示。

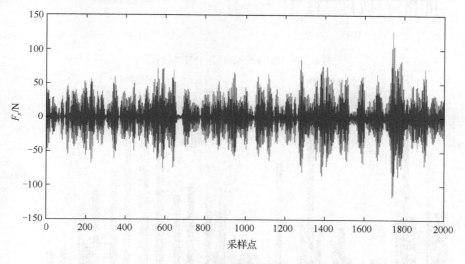

图 6-34　重构力信号

如图 6-34 所示，不难看出时域下的力信号规律性不好，可以断定其为发生颤振时的力。因此，若对颤振特征能够准确识别，就能区分出颤振与非颤振情况。

经过 EMD 分解的本征模态函数（IMF）信号构成为

$$r_k(t)=A_k(t)\cos(\varphi_k(t)) \tag{6.16}$$

式中，A_k 为 r_k 的瞬时幅值；k 为本征模态函数的阶数。该信号在 VMD 分解下将得到多组本征模态函数（IMF），其分解的结果与 k 和 α 的值密切相关，α 为惩罚因子。通过对多组信号的识别结果，来调整 K 和 α 的值，如图 6-35 所示。

提取各 IMF 信号的能量熵作为颤振特征。能量熵是熵在能量域的延伸，表示信号的混乱程度，其定义为

$$R_i=\int_{-\infty}^{\infty}\left|u_i(t)\right|^2\mathrm{d}t, \quad i=1,2,\cdots,N \tag{6.17}$$

根据能量熵公式，可得特定信号的各本征模态函数在一段时间内的能量熵值，即一个多维（维数为 13）特征向量。如图 6-36 所示为三类信号的特征向量。

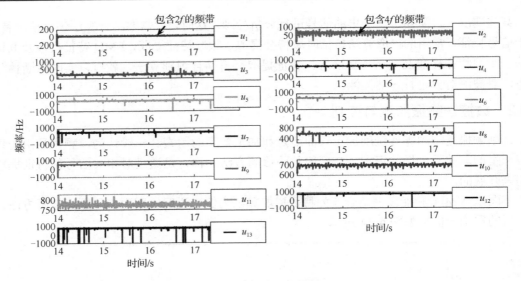

图 6-35　VMD 分解的各 IMF 瞬时频率

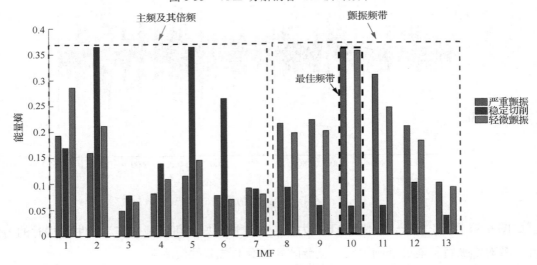

图 6-36　IMF 的能量熵判据

可以看出，颤振信号与非颤振信号有显著的区别，这里选取 8~13 组能量熵作为特征向量，就能够有效识别出颤振特征，可以有效提高算法效率，避免冗余信号的影响。可以结合支持向量机等分类算法进行识别。

上述过程仅针对振动这个单一源头的信号进行监测和诊断。多数情况下，可以采用多元异构信号综合诊断，能够保证诊断的准确性。有了上述方法，通过短时的一组信号，就能够实现信号的在线监测。在线检测的目的是对异常情况进行有效的控制，使其回归至理想状态。在此基础上，对数控过程进行控制，就可以实现对加工过程的监控。

数控加工过程控制主要包括主轴电机反馈补偿、加工轨迹规划、变形补偿、热补偿、振动控制等。数控加工的过程控制，可以分为如下两大类。

(1)机床控制系统内部控制。数控机床本身具有控制功能，同时还具有二次开发接口供开发人员调试。比较基础的控制功能，如电机转速误差控制，是通过带有编码器的步进电机实现的。当电机转速与设定转速存在偏差,编码器通过闭环反馈动态控制电机转速。开发人员可以在此功能的基础上,通过计算机与数控系统的通信,实现更加复杂的加工过程控制,如实时变速、变进给加工等,还可以实现稍复杂的加工误差补偿。

(2)外部控制器控制。有些加工偏差难以通过机床数控系统消除,需要外加控制器和执行机构进行控制,如颤振、刀具和工件变形等。以监测信号为基础,通过控制器产生电信号,并通过执行机构实现动作。

本节采用的颤振控制方式是外部控制器控制方法。所需要的主要执行机构为压电陶瓷和压电控制器,通过压电控制器产生电信号,推动压电陶瓷的轴向拉伸和压缩。图 6-37 为压电控制器。

图 6-37 压电控制器

根据振动学知识,需要对机床主轴进行改进,使机床主轴的振动得到控制。控制器与监测信号的相互作用原理如图 6-38 所示。

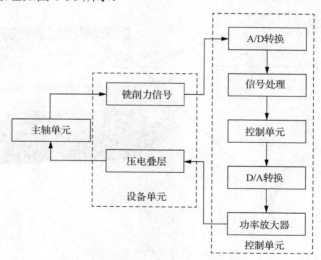

图 6-38 控制器与监测信号的相互作用原理

对颤振的控制主要是通过改变机床主轴动态特性实现的,具体方法是通过改变主轴轴承的外圈与内圈的配合实现的。当外圈受到作用力直径变小时,主轴转子的模态刚度和阻尼增加,从而缩小振动的幅值,颤振频率受到抑制。仅改变模态刚度和模态阻尼,会使得轴向临界切深增加。图 6-39 是对颤振控制的仿真对比。

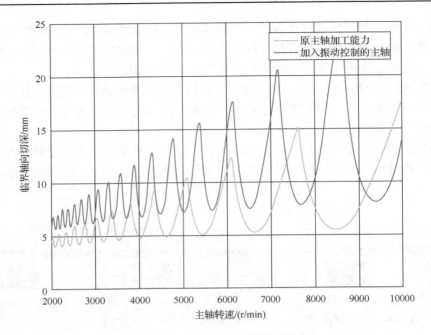

图 6-39　颤振控制稳定性预测仿真

可以看出，临界轴向切深大幅提高。通过实施颤振控制可以实现更高速加工，并提高加工效率。基于图 6-39 的仿真结果仿真，可以设计具备颤振控制能力的智能主轴，如图 6-40 所示。

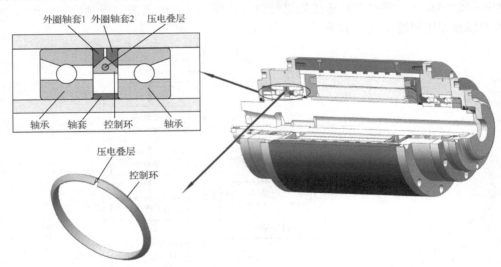

图 6-40　机床主轴改装剖面图

如图 6-40 所示，在主轴前轴承之间加入楔形控制环和压电制动器。当压电叠层制动器输入高压电平时，制动器轴向延展，引起楔形外圆控制环的直径增加。由于楔形布置，外圈轴套 1 和 2 受到挤压，向主轴轴向相背退离，引起轴承外圈预紧力增加，从而增加主轴的刚度，抑制颤振的发生。当加工处于稳定状态时，压电叠层制动器受挤压而收缩，当其所受电磁力和轴向压力平衡时，制动器不再收缩或延展，保持在一个平衡状态。

施加颤振控制前后的铣削力对比和诊断结果如图 6-41 所示。

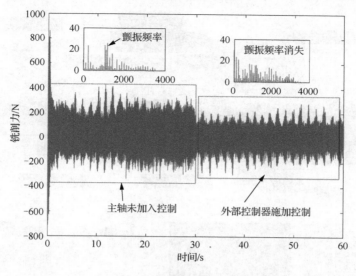

图 6-41　颤振控制施加效果

可以看到，加入颤振控制后，计算机通过 VMD 和能量熵结合算法识别出颤振，然后控制器输出相应电信号，主轴振幅和切削力相应减小。经过短暂的调整，加工调整至稳定状态，颤振不再发生。

需要注意的是，控制器和执行机构的调节控制能力是有限的，并且前轴承内圈位移存在理论最大值，因此，工艺参数还是应该在合理选取的前提下适当调高。

前面提到的一些加工控制，如变形补偿等，除了需要更加复杂的控制方法，还需要以仿真数据为基础。由于篇幅所限，这里不作深入介绍。

6.4.3　智能加工浅谈

制造业是强国之本，随着工业的进步和技术的发展，各国对本国整体制造业都提出了新的规划和蓝图。我国的"中国制造 2025"就是基于这样的大背景下提出的。其中，智能制造是"中国制造 2025"五大内容中的重要内容。而当前我国的智能制造水平正处于一个快速发展阶段，但还面临着智能制造总体水平不高，缺乏一些关键核心技术、理论和实践脱节等问题。传统制造是对物质的处理，将原料转化为产品，是基于经验的制造；而智能制造是同时对物质和知识的处理，是基于科学的制造。智能制造从技术、生产模式、商务模式、经济体系等方面进行变革，涵盖了整个制造过程的智能化，包括设计研发、工艺规程的编排、生产制造过程、质量管理等方面。在此基础上，表征制造过程实时状态的数据基于互联网和无线局域网在人—机和机—机之间进行实时通信。为减小数据处理量、提高实时通信速率，对数据进行存储、处理，进而对制造过程进行实时决策，实现信息在设备、车间、企业间共享。最后，掌握设备的健康状态，避免设备在发生故障后抢修，或过早地将可继续用的部件进行不必要更换，实现实时维修，最大限度地提高设备的可用性和延长其正常运行时间，提升工厂运营效率。

智能加工具有广泛的内涵，不仅针对单个零件的工序加工，还包括各工序、零件间的协同能力优化，最终实现高效率、高质量、低成本的加工过程。图 6-42 所示为智能工厂与智能产线概念图。

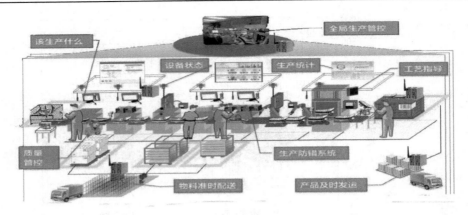

西门子智能工厂

宝马汽车智能加工产线

Autodesk面向未来制造的产品与解决方案

图 6-42　智能工厂与智能产线概念图

　　智能机床作为智能工厂和智能产线的重要一环，能够提高单个零件的工序加工效率。针对曲线曲面的加工，智能机床未来应具备智能编程功能，其数控系统从运动控制器进化为车间管理系统的终端，实现机床之间的通信。

　　智能主轴是智能机床的心脏。在 6.3 节中，针对颤振问题，笔者引入了一种能够实时颤振抑制的主轴。这种主轴只能缓解颤振引起的加工效率降低和加工表面失效问题，对于误差、动平衡、刀具状态等问题没有很好地解决。智能主轴是目前正在兴起的一项技术，在解决上述问题的同时，有较高的开放性、兼容性，并具备自学习能力。图 6-43 为智能主轴的特征和关键技术。

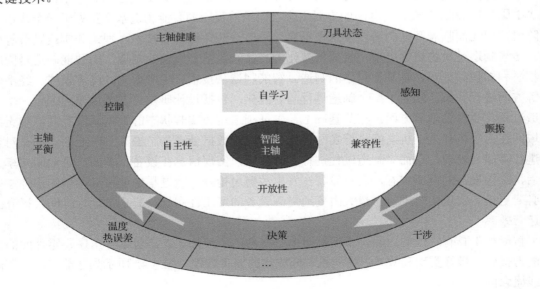

图 6-43　智能主轴特征和关键技术

可以看出，智能主轴要具备自主性、自学习、兼容性和开放性四个特征，依托于网络通信和人工智能算法，充分发挥机床主轴的潜力。从功能上分类，智能主轴需要有如下功能。

(1) 与主轴结构有关的功能，包括主轴平衡监控、主轴温度监控和主轴健康状态监控等。

(2) 与加工过程有关的功能，包括主轴干涉的监控、颤振监控、刀具位置和轨迹监控等。

从总体上来看，智能加工还有很长的路要走，小至智能主轴，大至机床间的协同，都尚需改进。机床智能化和网络化，为制造资源社会共享、构建异地、虚拟的云平台创造了条件，从而迈向共享经济时代，创造更多的财富和价值。

第7章 应用实例分析

随着数字化技术的不断发展与逐渐成熟，其作为先进加工技术的代表已经开始投入实际生产应用之中。本章从应用实例的角度对包含数字化建模、样机、加工仿真、装配、控制在内的前六章内容进行解释说明，着重以混联机床、康复机器人、叶轮数字化加工以及总装站位数字化装配四种实例的数字化设计与制造过程为代表进行了较为详细的阐述，在介绍过程中通过大量的数字化成果来印证并展示了数字化设计与制造的优点和长处。

7.1 混联机床数字化样机及控制分析

随着科学技术的快速发展，现代数控机床向高速度、高精度、高刚度、轻量化方向发展，具有诸多优点的混联机床是数控机床的发展方向之一。混联机床是以并联机构为基础，采用串联约束的一种新型并联机床，继承了传统数控机床工作空间大、易于标定等特点；同时继承了并联机床在理论上具有刚度重量比大、响应速度快、加工精度高、环境适应能力强等优点，因此在制造领域具有广阔的应用前景。本节以 3-TPS 混联机床为应用实例，对其动态特性和控制系统进行了研究。

7.1.1 混联机床机构特点

3-TPS 混联机床，如图 7-1 所示，驱动杆由三个伸缩杆组成，各杆分别与固定平台 (B_1, B_2, B_3) 以胡克铰连接与动平台以 RRC (b_1, b_2, b_3) 方式相连。为了约束动平台的姿态，在动平台和基座间附加了一个平行约束机构 4。平行机构 4 由两个平行四边形机构组成，属于串联结构，其中各杆长度对应相等，各相邻杆件以回转副相连，并且各回转副的回转轴线都相互平行，这样平行机构就迫使动平台的回转轴 A_3A_6 始终与双十字轴的回转轴 C_1C_2 平行，从而使动平台分别绕轴 C_1C_2、轴 A_1、轴 A_2 转动，即 $\theta_1, \theta_2, \theta_3$。当三杆根据加工要求分别伸长或缩短时，由于平行机构及 θ_1, θ_4 的共同作用，动平台具有 $\bar{x}, \bar{y}, \bar{z}, \hat{y}'$ 四个自由度。若再在旋转刀具的下方安装一个数控回转工作台，此机床即可以实现五轴加工。

如图 7-1(b) 所示，初始状态下，平行机构的杆 A_1A_2 和 A_4A_5 为竖直，杆 A_2A_3 和 A_5A_6 为水平状态。为了便于机构的分析，在动、静平台上分别建立右手坐标系 $P\text{-}x'y'z'$ 和 $O\text{-}XYZ$。固定坐标系 $O\text{-}XYZ$ 的原点 O 与伸缩驱动杆 3 上的胡克铰铰心 B_3 重合，Y 轴在 C_1C_2 的正下方，并且与 C_1C_2（A_1A_4）之间夹角为 $\alpha(\alpha = 45°)$，Z 轴垂直向上。动坐标系 $P\text{-}x'y'z'$ 的原点 P 为轴线 A_3A_6 与三角形 $b_1b_2b_3$ 的交点，y' 轴沿轴线 A_3A_6，z' 轴负向通过 b_3 点。由于动系 $P\text{-}x'y'z'$ 始终和动平台固结在一起，因此动平台的位置可以用 P 点的位置来表示，动平台的姿态则可以用动平台坐标系相对于静平台坐标系的变换矩阵 R 来表示。由于平行机构使得动平台上的轴线 A_3A_6 始终平行于固定轴线 A_1A_4，已知轴线 A_1A_4 与固定坐标系的 Y 轴间夹角为 α，动平台的姿态相当于先绕 X 轴旋转 α、再绕 C_1C_2 轴旋转 θ_1，则可以得到动平台相对于静平台坐标系的变换矩阵 R：

$$R = \mathrm{Rot}(X,\alpha)\mathrm{Rot}(Y,\theta_1)$$

$$= \begin{bmatrix} 1 & 0 & 0 \\ 0 & c\alpha & -s\alpha \\ 0 & s\alpha & c\alpha \end{bmatrix} \begin{bmatrix} c\theta_1 & 0 & s\theta_1 \\ 0 & 1 & 0 \\ -s\theta_1 & 0 & c\theta_1 \end{bmatrix} = \begin{bmatrix} c\theta_1 & 0 & s\theta_1 \\ s\theta_1 s\alpha & c\alpha & -c\theta_1 s\alpha \\ -s\theta_1 c\alpha & s\alpha & c\theta_1 c\alpha \end{bmatrix} \tag{7.1}$$

式中，$c\theta = \cos\theta = s\theta = \sin\theta$。矩阵 R 中有两个角度，其中角度 α 为机构常数，角度 θ_1 为机床运动时需要控制的参数之一，可以由运动模型求解。

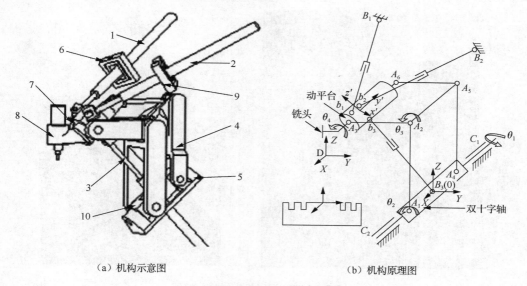

（a）机构示意图　　　　　（b）机构原理图

图 7-1　3-TPS 混联机床结构简图

1,2,3-伸缩驱动杆；4-平行机构；5-固定支座；6,9-固定框；7-动平台；8-铣头；10-双十字轴

7.1.2　混联机床三维建模与参数化

1. 混联机床的 SolidWorks 建模

根据混联机床设计的指标，在三维软件 SolidWorks 中利用拉伸、切除、旋转等命令进行零件的三维建模，然后利用同心、重合等命令进行装配等一系列过程，从而建立起 3-TPS 混联机床样机。3-TPS 混联机床结构包括固定平台、运动平台、串联约束机构、驱动杆组和斜摆头等。图 7-2 所示为该 3-TPS 混联机床样机与三维模型，其中 A_1A_2=700mm，A_2A_3=650mm，B_3A_1=200mm，PA_3=80mm，A_1A_4=450mm，$B_1(-800,-200,1150)$，$B_2(800,-200,1150)$，动平台的直径为 180mm。

2. SolidWorks2005 与 ADAMS2005 的数据交换

ADAMS2005 软件具有建模功能，对简单的机械结构来说，直接在 ADAMS/View 建模不仅是方便、快捷的，而且有利于对该机构仿真分析。但对于复杂的装配体来说，直接在 ADAMS/View 中建立模型不方便、比较困难，所以本书采用在 SolidWorks2005 中建立 3-TPS 混联机床的模型，然后把该装配体模型导入 ADAMS/View 中进行运动学和动力学仿真分析。

ADAMS2005 与 SolidWorks2005 共同支持的三种主要图形交换格式分别是 STEP 格式、IGES 格式和 Parasolid 格式，这里主要介绍后两种。IGES 是以 ASCII 或二进制的形式存储图形信息，可以在不同的 CAD 软件之间进行信息和数据交换。但是以 IGES 格式作为接口来传输 CAD 复杂装配体会丢失部分信息，从此导致大量的重复工作，图 7-3 所示为 3-TPS 混联机床的 SolidWorks2005 模型通过存储为 IGES 格式后导入 ADAMS2005 中的模型。该格式的模型在导入过程中丢失了大量的装配参数和零件参数，在 ADAMS/View 环境下有些零件无法识别，修改很困难，因此无法快速有效地对该模型进行运动学和动力学仿真分析。另外，以 IEGS 格式存在的模型存储量比较大，导入时费时较多，说明该方式下数据存储格式比较复杂，运算量也较大。

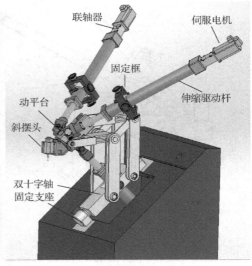

图 7-2　3-TPS 混联机床样机与模型

随着科学技术的发展，CAD 软件逐渐标准化，Parasolid 格式成为开发高端、中等规模 CAD 系统及商品化 CAD/CAM/CAE 软件的标准（图 7-4）。SolidWorks2005 和 ADAMS2005 均采用该格式作为几何核心。因此采用 Parasolid 作为两个软件进行数据交换的桥梁。Parasolid 格式的几何核心系统可提供精确的几何边界表达（B-Rep），能够在以它为几何核心的 CAD/CAE

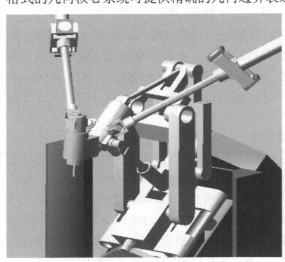

图 7-3　IGES 格式的混联机床模型　　　　图 7-4　Parasolid 格式的混联机床模型

系统间可靠地传递几何拓扑信息(包括点、边界、片、环、面、体等)。并且 Parasolid 还具有容错造型技术(tolerant modeling), 它可根据情况对不配合的公差进行优化, 并能在优化后保持处理的连续性和一致性, 这样就可通过自带的 xmt_txt 文件, 利用 Parasolid 管道实现数据的无缝传送, 避免了用 IGES 传送复杂数据文件时数据丢失和可靠性差等问题。

如图 7-3 所示, Parasolid 格式导入 ADAMS/View 的混联机床模型, 与在 SolidWorks2005 中的模型对比, 机床的约束信息、零件的材料信息、零件的质量和零件的名称信息等在 ADAMS/View 中很容易修改。然后以 Parasolid 格式将三维模型的几何、质量和约束等关系导入到 ADAMS 软件中。在图形文件交换时采用 Parasolid 格式可以防止数据丢失, 这对仿真结果的正确性和有效性有重要的影响。

3. 混联机床参数化

机床三维模型以 Parasolid 格式导入 ADAMS/View 后, 如图 7-5 所示, 先需要添加零件的材料, 修改零件名称, 零件之间的约束关系(移动副、转动副、铰接、球接、固定), 然后在刀尖添加驱动(General_motion), 进行参数设置, 如图 7-5 所示。

先对仿真模型进行相应修改, 调整相应结构、装配位置、零件之间约束关系, 然后进行反复的仿真分析和数据处理, 在分析过程中, 只需改变样机模型中有关参数值, 就可以自动地更新整个样机模型, 最终得到满意的虚拟样机模型。在调整之前打开 ADAMS/View 的自检结果表是非常重要的, 可以知道机床模型内零件信息和零件之间的约束关系, 检查所添加的约束关系和自由度是否正确, 通过检验, 该机床模型具有四个自由度, 如图 7-6 所示, 由该混联机床实际结构计算分析可知, 该机构具有四个自由度, 如果再为该机床配置一个回转工作台即五自由度, 符合机床设计要求, 实现五轴联动、五面加工, 由此可知该机床模型建立是正确的。所以, 在这个模型的基础上可以对机床进行运动学和动力学的仿真分析。

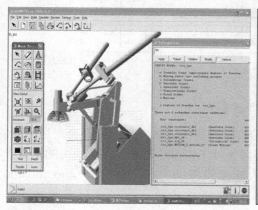

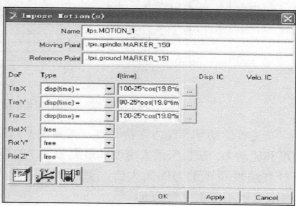

图 7-5　混联机床样机模型及自检结果图　　　　图 7-6　混联机床样机模型参数设置

7.1.3　混联机床运动学和动力学仿真

对 3-TPS 混联机床进行运动学和动力学仿真分析主要是为了分析该混联机床在进行极限进给时(指机床在进给时的最大速度和加速度达到该机床设计极限, 即最大速度为 0.5m/s, 最大加速度为 1g)三杆的速度变化范围和驱动力变化范围;另外刀尖按照某种切削路径运动, 计算各构件的速度、加速度和受力情况, 检查各机构的相对运动状态, 是否发生干涉, 考察和评价系统的速度与动力特性, 为构建五轴混联机床数控系统的速度规划及驱动电机参数的选择提供参考依据。

在仿真三杆速度和驱动力时，铣削加工可分为两种情况：第一种是空载，根据机床刀具以最大速度为 0.5m/s 和加速度为 $1g$ 运动时，测得三杆最大速度和驱动力；第二种是刀具匀速进给 V=0.4m/s，同时受到铣削力的作用，铣刀选择立铣刀，工件材料选择碳钢，各系数取值：C_{Fz}=95.2；a_e=3.15；a_f=0.1；d_0=63；a_p=15；Z=6；经验公式为

$$F_z = 9.8 \cdot C_{Fz} \cdot a_e^{0.86} \cdot a_f^{0.72} \cdot d_0^{-0.86} \cdot a_p \cdot Z = 1076.75\text{N} \tag{7.2}$$

经过计算和仿真可知第一种的驱动力大于第二种的驱动力，所以研究第一种情况有重要参考价值的。现在以第一种情况进行仿真，图 7-7 是刀具的最大速度(0.5m/s)和加速度($1g$)以正弦和余弦曲线进给。在 ADAMS 中给定位移运动方程以刀具沿 X 方向运动为例，具体设置如下：

$$\text{Tra}X : disp(time) = a - 25 \cdot \cos(19.8 \cdot time)$$
$$\text{Tra}Y : disp(time) = b + 0 \cdot time$$
$$\text{Tra}Z : disp(time) = c + 0 \cdot time$$

式中，(a,b,c) 为刀尖点坐标。

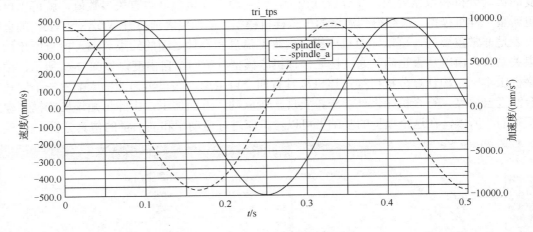

图 7-7   刀具的速度和加速度曲线图

在进行运动学和动力学仿真时，刀具在不同的位置和进给方向，各个杆都会产生不同的速度和驱动力。在机床最大速度和最大加速度的极限条件下，刀具走遍工作空间内的所有点，各杆件速度和驱动力的最大值，就是所需的最大速度和驱动力，工作空间(400,400,400)如图 7-8 所示，单位为 mm。

工作空间搜索具体方法：第一步，设置刀尖坐标(200,200,-200)，从 1 点分别沿±X、±Y、±Z 六个方向平移，在 ADAMS 软件的后置处理中记录各杆件速度和驱动力，如图 7-9 和图 7-10 所示，然后比较其大小，找到此点的最大值；第二步，改变刀尖点坐标，增量 $\Delta X = \Delta Y = \Delta Z = 10$mm，重复第一步方法，直到刀尖点坐标移到点 5(-200,-200,200)位置上；第三步，统计工作空间内刀尖坐标变化后的所有测量值，找到空间内每个杆件上速度和驱动力最大值，以及速度与驱动力乘积的最大值。经过 ADAMS/Measure 测得刀具沿±Y 方向运动时，杆 L_2 在点 1 速度最大，杆 L_2 在点 2 速度最大；刀具沿±Z 方向运动时，杆 L_3 在点 3 速度最大，如图 7-11 所示。

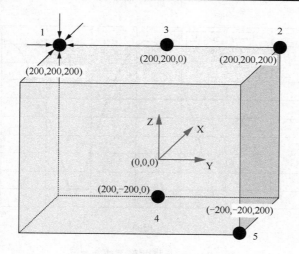

图 7-8　混联机床的工作空间

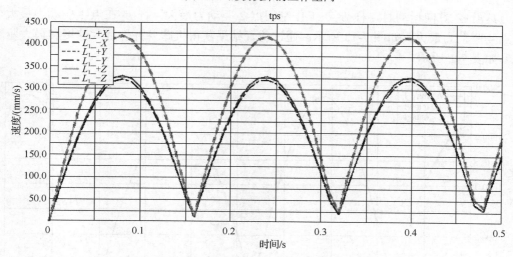

图 7-9　L_1 杆在点 1 时的六个方向的速度

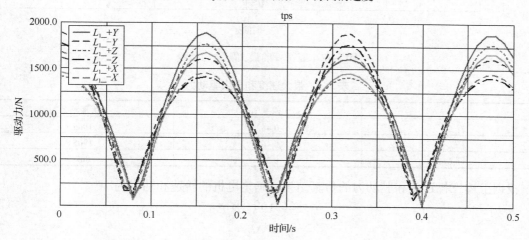

图 7-10　L_1 杆在点 1 时的六个方向的驱动力曲线

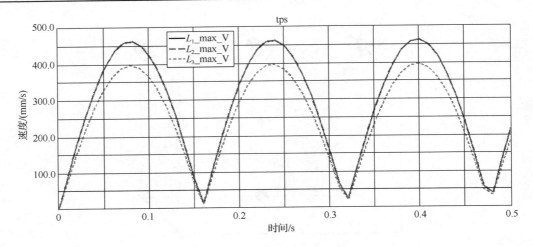

图 7-11 三个杆的最大速度曲线

刀具沿+Z方向运动时，杆 L_2 在工作空间点 2 驱动力最大，杆 L_1 在点 1 驱动力最大，杆 L_3 在点 4 驱动力最大。如图 7-12 所示。通过仿真结果获得机床各杆件最大速度和最大驱动力的值，如表 7-1 所示。

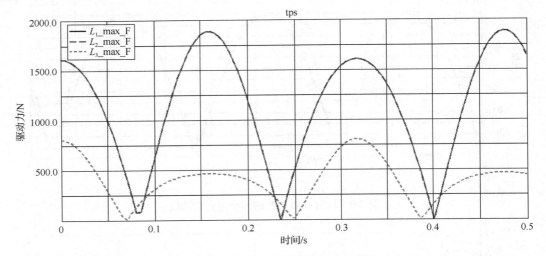

图 7-12 三个杆的最大驱动力曲线

表 7-1 最大速度和最大驱动力

	最大速度/(m/s)	最大驱动力/N
杆 L_1	0.462	1905.8
杆 L_2	0.462	1905.8
杆 L_3	0.395	807.5

根据上述三杆速度和驱动力的仿真结果，确定电机的转速和功率为

$$n = \Delta L \cdot (60 \cdot i) / p \tag{7.3}$$

$$V = \Delta L \tag{7.4}$$

式中，n 为电机转速，r/min；i 为传动比；p 为丝杠导程，m；V 为杆件速度，m/s；ΔL 为杆件在单位时间的伸缩量。

由式(7.3)、式(7.4)可得出：通过杆件的最大速度可以估算出电机的最大转速为

$$P = F \cdot V \cdot 10^3 \tag{7.5}$$

式中，F 为杆件的合力；P 为电机的功率。

由式(7.5)可以估算出各杆件驱动电机的最大功率。

取传动比 $i=0.5$；丝杆导程 $p=6 \times 10^{-3}$m。各杆件驱动电机的最大转速和最大功率的值如表 7-2 所示。

表 7-2 最大转速和功率

	最大转速/(r/min)	最大功率/kW
杆 L_1 电机	2310	0.881
杆 L_2 电机	2310	0.881
杆 L_3 电机	1975	0.319

7.1.4 混联机床运动轨迹的控制分析

1. 3-TPS 混联机床运动学逆解模型的建立

3-TPS 混联机床机构简图如图 7-1 所示，三根主动杆件由三个伸缩杆组成，各伸缩杆以三个胡克铰与静平台连接，以两个球铰和一个转动副与动平台相连。为了约束动平台的姿态，在动平台和基座间附加了一个平行约束机构，该平行约束机构由两个平行四边形机构组成，各相邻杆件以转动副相连，这样平行约束机构就迫使动平台的回转轴线始终与双十字轴的回转轴线平行。动平台上创新性地串联了一个斜摆头，首次实现了斜摆头与并联机器人的有机结合，斜摆头可以绕动平台的轴转动，另外，在斜摆头下面配置了一个数控回转工作台，共可实现五自由度运动，即 $\overline{X}, \overline{Y}, \overline{Z}, \widehat{B}, \widehat{C}$。

本节详细推导了 3-TPS 混联机床运动学位置逆解的数学模型。第一，根据 3-TPS 混联机床的机构特征，建立了固定/动平台坐标系、约束链关节坐标系、工具坐标系和参考坐标系，并求解出了从固定平台坐标系到工具坐标系间的坐标变换矩阵以及工具编程点在参考坐标系中的坐标；第二，求解出了工具编程点在参考坐标系中的坐标与约束链关节转角之间的关系表达式；第三，求解出了斜摆头转动时工具姿态角的变化量；第四，求解出了转台运动后工具编程点坐标与运动前工具编程点坐标的关系表达式；第五，求解出了工具编程点坐标与三驱动杆杆长的关系式。

这些工作为后面的 3-TPS 混联机床数控系统运动控制验证实验奠定了理论基础。其中，3-TPS 混联机器人运动学逆解模型为

$$|\overrightarrow{L_1}| = \sqrt{\begin{aligned} &(-a \cdot c\varphi_1 + c \cdot s\varphi_1 + X_G + x_1 + s)^2 \\ &+ \left(-\frac{\sqrt{2}}{2} a \cdot s\varphi_1 - \frac{\sqrt{2}}{2} c \cdot c\varphi_1 + Y_G + y_1 + \frac{\sqrt{2}}{2} l_5 + t\right)^2 \\ &+ \left(\frac{\sqrt{2}}{2} a \cdot s\varphi_1 + \frac{\sqrt{2}}{2} c \cdot c\varphi_1 + Z_G + z_1 + \frac{\sqrt{2}}{2} l_5 - h\right)^2 \end{aligned}} \tag{7.6}$$

$$\left|\overrightarrow{L_2}\right| = \sqrt{\begin{array}{l}(a\cdot c\varphi_1+c\cdot s\varphi_1+X_G+x_1-s)^2\\+\left(\dfrac{\sqrt{2}}{2}a\cdot s\varphi_1-\dfrac{\sqrt{2}}{2}c\cdot c\varphi_1+Y_G+y_1+\dfrac{\sqrt{2}}{2}l_5+t\right)^2\\+\left(-\dfrac{\sqrt{2}}{2}a\cdot s\varphi_1+\dfrac{\sqrt{2}}{2}c\cdot c\varphi_1+Z_G+z_1+\dfrac{\sqrt{2}}{2}l_5-h\right)^2\end{array}} \tag{7.7}$$

$$\left|\overrightarrow{L_3}\right| = \sqrt{\begin{array}{l}(-b\cdot s\varphi_1+X_G+x_1)^2+\left(\dfrac{\sqrt{2}}{2}b\cdot c\varphi_1+Y_G+y_1+\dfrac{\sqrt{2}}{2}l_5\right)^2\\+\left(-\dfrac{\sqrt{2}}{2}b\cdot c\varphi_1+Z_G+z_1+\dfrac{\sqrt{2}}{2}l_5\right)^2\end{array}} \tag{7.8}$$

$$\theta_4 = \begin{cases} 180°+\arctan\left(\dfrac{2\sqrt{2}\tan B}{2-\tan^2 B}\right)-\varphi_1, & -90°\leqslant B<-\arctan\left(\sqrt{2}\right)\\[2mm] 270°-\varphi_1, & B=-\arctan\left(\sqrt{2}\right)\\[2mm] 360°+\arctan\left(\dfrac{2\sqrt{2}\tan B}{2-\tan^2 B}\right)-\varphi_1, & -\arctan\left(\sqrt{2}\right)<B<0°\\[2mm] \arctan\left(\dfrac{2\sqrt{2}\tan B}{2-\tan^2 B}\right)-\varphi_1, & 0°\leqslant B<\arctan\left(\sqrt{2}\right)\\[2mm] 90°-\varphi_1, & B=\arctan\left(\sqrt{2}\right)\\[2mm] 180°+\arctan\left(\dfrac{2\sqrt{2}\tan B}{2-\tan^2 B}\right)-\varphi_1, & \arctan\left(\sqrt{2}\right)<B\leqslant 90° \end{cases} \tag{7.9}$$

$$\theta_5 = \begin{cases} -C, & \varphi=0°\\[2mm] \arctan\left(\dfrac{1-c\varphi}{\sqrt{2}s\varphi}\right)-C, & 0°<\varphi<180°\\[2mm] 90°-C, & \varphi=180°\\[2mm] 180°+\arctan\left(\dfrac{1-c\varphi}{\sqrt{2}s\varphi}\right)-C, & 180°<\varphi<360°\\[2mm] 180°+\arctan\left(\dfrac{1-c\varphi}{\sqrt{2}s\varphi}\right)-C, & 180°<\varphi<360° \end{cases} \tag{7.10}$$

式中，B、C 为工具轴在参考坐标系中的姿态角(绕 y 轴和 z 轴)；l_5 为动平台 p 沿负向平移距离；a、b、c 为动平台 b_i 在 $O-XYZ$ 坐标下距离；s、t、h 为固定平台 B_i 在动平台 P 坐标下距离；X_G、Y_G、Z_G 为参考坐标系 G 点坐标；x_1、y_1、z_1 为坐标系 O_1 点坐标；φ 为工具轴随摆头转动产生角度；φ_1 为摆头绕 C_1C_2 转动角度。

2. 混联机床的位置控制算法

3-TPS 混联机床控制任务主要为点动和轨迹运动，点动控制主要过程为利用逆解求取驱动量，利用 PMAC 运动控制语句控制。执行器的轨迹控制主要过程如下。

（1）目标轨迹曲线分割：根据运动控制精度的要求，将操作空间运动轨迹等分为 K 段微小曲线段，得到每个分割点坐标 x_k, y_k, z_k。其中 $k=1,2,\cdots,K+1$。

（2）求解分割点对应的执行器位姿：利用分割点的坐标和运动控制过程的要求，求解出与第 k 个分割点对应的执行器的位姿：x_k, y_k, z_k, C_k, B_k。其中 $k=1,2\cdots,K+1$。

（3）求解驱动参数：将执行器每一分割点处的位姿代入参考坐标系内的运动学逆解模型，求解出各分割点所对应的 3-TPS 混联机床五个驱动参数的值 $L_1(k), L_2(k), L_3(k), \theta_4(k), \theta_5(k)$，与上一分割点求解的数值比较获得相邻两分割点所对应的五个驱动参数增量 $\Delta L_1(k), \Delta L_2(k), \Delta L_3(k), \Delta \theta_4(k), \Delta \theta_5(k)$。

（4）关节精插补：利用控制器设定的插补运动模式，对求解驱动参数中求得的五驱动参数增量值进行离散化处理。

（5）编程完成轨迹运动：将以上过程导入 Pewin32PrO2 程序编写界面转化为实时计算程序，将关节精插补中轨迹所要求的指令速度和位置转化为运动控制程序，利用每一插补量求解的驱动量驱动五个驱动轴协同完成轨迹插补运动。其中，控制原理图如图 7-13 所示。

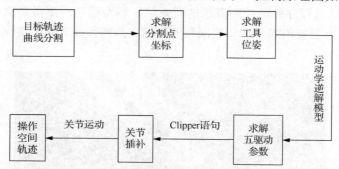

图 7-13　混联机床工具运动控制原理图

3. 控制方案及运动控制轨迹的实验验证

3-TPS 混联机床的硬件系统结构如图 7-14 所示。Clipper 具有强大的多轴联动控制性能，提供四轴伺服或步进控制，为了实现 3-TPS 混联机床执行器速度和位姿控制，开放式控制系统采用五轴各用一个伺服驱动器进行驱动，Clipper 加上一个额外的 ACC-1P 扩展板卡得以实现，Clipper 主板卡用来控制三个驱动杆伺服电机和一个斜摆头电机，外加的扩展板用来控制工作台的伺服电机。

软件系统则采用 Clipper 自带的软件工具包 PMAC Executive PrO2 Suite 包括 Pewin32PrO2、PmacPlotPrO2、PmacTuningPrO2、TurboSetup32PrO2、Geo Brick Setup、P1Setup32PrO2、P2Setup32PrO2。

（1）Pewin32PrO2 完成与 Clipper 的通信、参数设置，运动程序及 PLC 程序的编译、下载和运行等工作，是软件工具包中最重要的一个。

（2）PmacPlotPrO2 允许用户从任意板卡的内存或 I/O 地址采集信息并绘图，是重要的数据采集和显示工具。

（3）PmacTuningPrO2 允许用户完成伺服环的整定、DAC 偏差的校正等，使被控对象的动态控制特性更加精确、平稳和快速。

（4）TurboSetup32PrO2、Geo Brick Setup、P1Setup32PrO2、P2Setup32PrO2 用于指导用户设置不同的控制板卡、驱动器和电机。

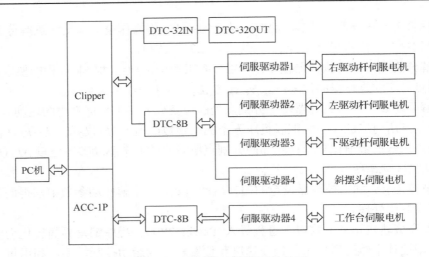

图 7-14　混联机床硬件系统结构图

设计球面圆弧轨迹程序验证控制算法的有效性，编写运动程序得到执行器轨迹运动情况如图 7-15 所示。执行器能沿着半球体表面轨迹运动，且执行器方向始终保持与表面垂直，满足运动要求。

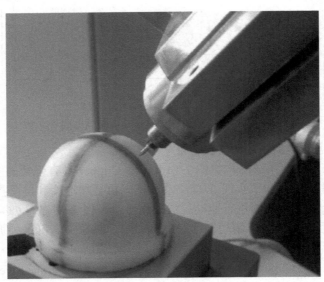

图 7-15　执行器轨迹运动

7.2　康复机器人数字化设计及控制分析

康复训练机器人是近年出现的一种新型机器人，是一种人—机合作机器人。它是在适合人的运动特点满足人的运动要求的同时，综合了人体运动的灵活性和机器人的高强度工作能力，帮助患者完成各种运动功能的恢复性训练。本节以一种腰部康复机器人的设计过程为例，从结构设计、运动学特性分析、控制系统设计等几个方面出发，对数字化设计与制造技术进行实际应用。

7.2.1　康复机器人的结构设计

基于人体解剖学与腰部运动康复原理及其要求,该腰部康复机器人整体结构分布如图 7-16(a)所示,其展示出患者的肢体躯干与康复机器人的结构对应关系。该康复机器人通过脊柱运动机构可实现腰部的屈伸、侧弯以及扭转三个自由度,腰椎后伸运动机构实现腰椎后伸一个自由度,下肢屈伸运动机构实现下肢大小腿的屈伸两个自由度,共拥有六个自由度。

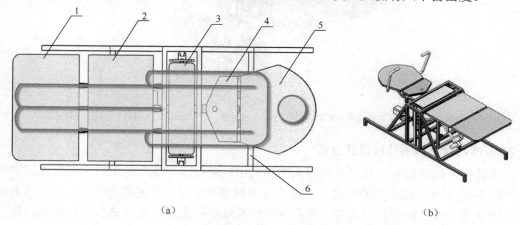

(a)　　　　　　　　　　　　　　　　　　　　(b)

图 7-16　康复机器人结构分布及整机结构图

1-小腿板；2-大腿板；3-挺腰板；4-背部板；5-上身板；6-机架

该康复机器人通过五个板面与人体相结合完成相关的人体康复运动。上身板的转动可以抬起人体脊柱上半部分,从而进行卷腹运动完成腹部肌肉的锻炼。背部板的转动可以带动人体脊柱进行腰部侧弯运动,并且可以通过扭转轴的转动带动人体脊柱进行扭转运动。中部的挺腰板主要是通过带动人体腰椎部分的上下直线运动实现腰椎的后伸运动。下身的大腿板以及小腿板可以完成大小腿的屈伸运动,都是为了带动人体下肢对腰腹部肌肉群进行配合协调锻炼,并且可以更好地对人体躯干进行配合协调锻炼。

如图 7-16(b)所示,展示出各部分运动执行装置所对应的传动部件以及驱动部件在整机结构中的分布位置。从中可以看出整机拥有六个驱动装置,满足机构的六个自由度,可以完成确定运动。

脊柱运动机构、腰椎后伸运动机构以及下肢屈伸运动机构这三个运动部分是互相独立的,其分别与机架相固定,三者之间没有机械运动干涉。根据我国制定的《中国成年人人体尺寸》(GB/T 10000—1988)作为设计参数的依据,对三个互相独立的运动机构分别进行机构设计。

1. 脊柱运动机构的结构设计分析

该康复机器人在脊柱运动部分采用分节段进行整体运动,即颈椎和一部分上胸椎对应上身板部分,一部分下胸椎对应背部板,腰椎部分处于挺腰板部分。如图 7-17 所示,为实现脊柱部分运动要求的三个自由度,是通过三个电机经由其减速器分别带动扭转轴的旋转、背部板水平面摆动以及上身板竖直面摆动。为让患者在上身运动过程中能更好地将身体控制在板面上,在上身板上设计了扶手。可以在背部板左右两侧设计固定绷带以使患者胸椎部分在运动过程中更加稳定。

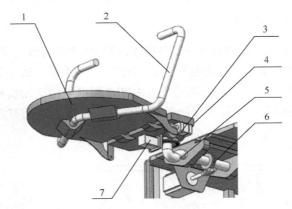

图 7-17　脊柱运动机构

1-上身板；2-扶手；3-电机及减速装置；4-背部板；5-扭转轴；6-电机及减速装置；7-电机及减速装置

2. 腰椎后伸机构的结构设计分析

为实现腰椎后伸运动，该康复机器人主要采用挺腰板在竖直方向上的上下直线运动来实现。如图 7-18 所示，此运动的实现主要是通过电机带动丝杆旋转使得其上螺套在丝杆上前后运动，带动传力杆推动挺腰板支架，使其在两侧直线导轨上进行上下直线往复运动，最后实现挺腰板的上下往复运动。

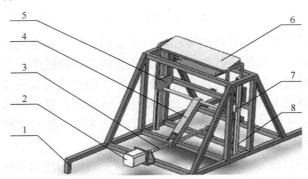

图 7-18　腰椎后伸运动机构

1-机架；2-电机；3-丝杆螺套；4-传力杆；5-挺腰板支架；6-挺腰板；7-滑块；8-直线导轨

3. 下肢屈伸机构的结构设计分析

为实现下肢屈伸运动，该康复机器人主要采用大腿板绕其与机架铰接点，小腿板绕其与大腿板铰接点各自旋转的方式实现的。此运动的实现主要是通过大腿板直线电机的长度变化带动丁字架绕其与机架的铰接点旋转，再通过连杆架的传递推动大腿板的摆动。小腿板的运动是通过小腿板直线电机的长度变化直接带动小腿板，但是小腿板的运动是将大腿板的结构作为其机架的，所以其旋转是相对大腿板的。

如图 7-19 所示，大、小腿板的运动是相互串联的关系，大腿板的运动是相对于机架的运动，小腿板的运动是相对于大腿板的运动。这与人体在卧式状态下躯干不动大小腿运动关系相一致。

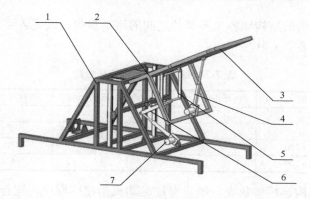

图 7-19　下肢屈伸运动机构

1-机架；2-大腿板；3-小腿板；4-小腿板直线电机；5-连杆架；6-丁字架；7-大腿板直线电机

7.2.2　康复机器人的运动学分析

1. 脊柱运动机构的运动学分析

该康复机器人的脊柱运动机构是各关节串联组成的链式结构，其主要由机架、尺寸调节滑台、背部板和上身板组成，采用 D-H 杆件法对其进行运动学分析。

对于脊柱运动机构位姿，其位姿矩阵是分析其变化的基础。而两杆的位姿矩阵取决于连杆间的结构参数、运动形式和运动参数，以及这些参数按照不同顺序建立的几何模型并分析其三维模型，建立脊柱运动机构的 D-H 坐标系，如图 7-20 所示。

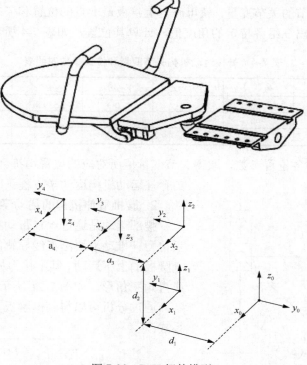

图 7-20　D-H 杆件模型

根据脊柱运动机构的结构和各主要部件之间的运动参数，确定各连杆的 D-H 参数和关节变量变化范围，列于表 7-3 中。

表 7-3　脊柱运动机构连杆参数

连杆	连杆长度 a_n /mm	连杆扭角 a_n /(°)	连杆距离 d_n /mm	连杆转角 θ_n	关节变量范围/(°)
连杆 1	0	90	$d_1 = 325$	θ_1	−30～30
连杆 2	0	−90	$d_2 = 90$	θ_2	−130～−50
连杆 3	$a_3 = 250$	−90	0	θ_3	−60～0
连杆 4	$a_4 = 500$	0	0	θ_4	0

根据脊柱运动机构连杆参数表，编写脊柱运动机构建模程序。运行程序后，得到机械手的运动控制界面图和简化的三维模型位姿图。在控制界面图中可以通过输入各个关节的转角或者拖动滑块来驱动机械手，实现对整个机械手的控制，并且在控制界面中会反馈机械手末端执行器的实时位置和姿态。

在建立脊柱运动机构的三维模型后，由五个连杆变换矩阵的乘积可得

$$
{}^0_4T = {}^0_1T \times {}^1_2T \times {}^2_3T \times {}^3_4T = \begin{bmatrix} n_x & o_x & a_x & p_x \\ n_y & o_y & a_y & p_y \\ n_z & o_z & a_z & p_z \\ 0 & 0 & 0 & 1 \end{bmatrix} \tag{7.11}
$$

式(7.11)描述了上身板最上点相对于机架的位姿，其中前三列表示手部的姿态；第四列表示手部中心点的位置。对于该康复机器人的脊柱运动机构分析其运动学，只有 θ_i 为变量，因此只要给出三个关节的关节变量，就可确定上身板最上点的位置和姿态。为了检验其运动学方程的准确性，给出三组各特定的角度值，计算其位置，如表 7-4 所示。

表 7-4　脊柱运动机构关节变量和位置参数对照表

序号	θ_1 /(°)	θ_2 /(°)	θ_3 /(°)	θ_4 /(°)	p_x	p_y	p_z
1	−30	−50	−60	0	539.8	−708.0	292.2
2	0	−90	0	0	0	−1075.0	90.0
3	30	−130	−60	0	−539.8	−708.0	292.2

分析表 7-4 中的各位置参数，取得关节变量值所对应的位置均符合，证明该康复机器人的脊柱运动机构运动学方程正确。

2. 腰椎后伸机构的运动学分析

腰部运动是通过丝杠带动螺套轴向运动，使得其上传力杆推动滑块沿直线导轨向上下滑动，从而实现挺腰板的上下运动。其中传力杆、丝杠和直线导轨形成直角三角形，如图 7-21 所示。

通过分析可以得到挺腰板高度 h 关于时间的关系式：

$$
h = \sqrt{c^2 - \left(L - \frac{I\omega}{60}t \right)^2} + d \tag{7.12}
$$

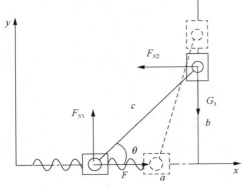

图 7-21　腰部机构简图

式中，a 为丝杠上螺套距离直线导轨的水平距离；b

为直线导轨上滑块距离丝杠的垂直距离；c 为传力杆两铰接点之间的距离；ω 为丝杠转速；L 为螺套距离直线导轨的初始距离；I 为丝杠的导程；d 为已知直线导轨滑块与挺腰板间距离。

腰部运动结构尺寸如表 7-5 所示，对挺腰板高度及其速度同时进行仿真，通过仿真图（图 7-22）得出挺腰板运动范围 549～735mm，运动速度变化范围 0～56mm/s。位移和速度变化均匀，没有明显的峰值和跳动，运动平稳。

表 7-5 腰部运动结构尺寸

c/mm	360
d/mm	375
L/mm	315
I/mm	10

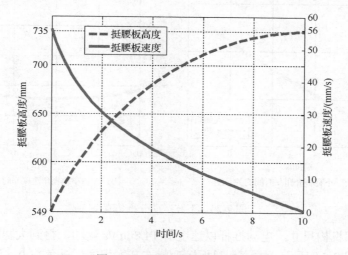

图 7-22 腰部运动分析仿真图

3. 下肢屈伸机构的运动学分析

下肢运动主要是通过大、小腿板摆动来实现的，其中大腿板的摆动是通过直线电机 c 收缩带动丁字架绕 O 点旋转，然后通过支架使得大腿板绕 H 点摆动，其中形成一组平行四连杆机构，从而丁字架角度即为大腿板旋转角度。小腿板的摆动是通过直线电机 c_1 收缩直接驱动小腿板实现的，机构简图如图 7-23(a)所示。

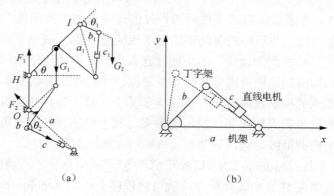

（a）   （b）

图 7-23 大腿部分机构简图

根据机构简图，经分析得大腿板升角 θ ：

$$\theta = \arccos\left(\frac{a^2 + b^2 + c^2}{2ab}\right) \tag{7.13}$$

式中，a 为大腿部分直线电机下铰接点与丁字架中间铰接点间距离；b 为大腿部分直线电机上铰接点与丁字架中间铰接点间距离；c 为大腿部分直线电机的长度。

因为大腿板转动角速度 ω 与其升角 θ 关系：

$$\omega = \frac{c}{ab\sqrt{\left(1 - \cos^2\theta\right)}} \cdot \frac{\mathrm{d}c}{\mathrm{d}t} \tag{7.14}$$

小腿部分运动学与大腿部分分析相同，不再推导。

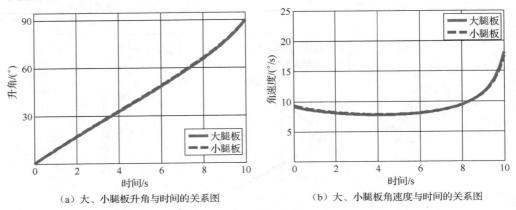

（a）大、小腿板升角与时间的关系图   （b）大、小腿板角速度与时间的关系图

图 7-24　下肢运动分析仿真

以大、小腿部机构尺寸，电动推杆以速度 $v=14.8\mathrm{mm/s}$ 运动，得到大腿板升角 $0°\sim90°$ 变化运动仿真如图 7-24 所示。大、小腿板运动状态基本相同，升角在 $0°\sim90°$ 变化，变化平稳。角速度在前 8s 变化较小，在 $8\sim10\mathrm{s}$ 处有所增加，但从升角位移图来看角度变化波动并不大，比较平稳。

7.2.3　康复机器人的控制设计及样机实验

1. 康复机器人的控制设计

该腰部康复机器人的工作原理是通过 PC 机所编写的运动程序经由串口烧录到 Arduino Mega2560 控制板中，并通过串口通信控制所设计的运动控制方案实施。Arduino Mega2560 控制板的脉冲控制型号经由步进电机驱动模块驱动相应的 6 路步进电机，通过各个部位的传动机构实现各个运动机构的预期运动。其中通过在各部分机构的运动范围边界处安装的光电限位开关对各部分机构的初始位置进行复位以及限位。控制原理图如图 7-25 所示。

该腰部康复机器人的控制程序实现，首先需要基于在前面提到的整机结构上所设计的康复运动功能确定该康复机器人所要完成的运动方案。其中包括脊柱运动机构的屈伸、侧弯以及扭转，腰椎后伸机构的挺腰运动，下肢运动机构的大小腿屈伸运动。

Arduino 的开发工具：Arduino IDE（集成开发环境）。其中包含了控制程序所需的类型库，方便程序员调用。只需在 IDE 中编写程序，就可将程序上传到 Arduino 电路板中，从而实现所要求的运动控制。图 7-26 展示了 Arduino 的操作界面。

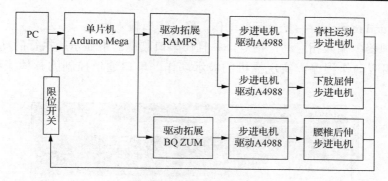

图 7-25 控制结构原理图

该腰部康复机器人的演示程序主要分为如下五部分。

（1）Reset——整机复位动作，整机各个机构复位到初始状态，即各个板面保持水平状态。上身板、背部板、L 旋转轴、挺腰板、大腿板和小腿板均反向运动，直至触发限位开关后运动到指定初始位置。

（2）Each motion of steppers——各部分步进电机运动动作，分别演示各个步进电机从上至下顺序动作相应运动板件所完成的动作。各个步进电机单轴运动带动相应板件运动到指定位置后返回初始位置。

（3）Motion of spinal part——脊柱部分综合运动动作，上身脊柱运动机构实现三个自由度联动时的综合运动，以及下肢配合辅助运动。大腿板和小腿板相应旋转到指定位置后停止，脊柱运动机构的三个步进电机三轴联动，实现脊柱部分的综合运动。

（4）Back-extending motion of spinal part——腰椎后伸运动动作，上身放平，腿部微曲辅助挺腰板部分上下运动。大腿板和小腿板相应旋转到指定位置后停止，腰椎后伸运动机构的步进电机驱动挺腰板缓慢上升，到达指定位置后返回初始位置，实现腰椎后伸运动。

（5）Compound motion——复合运动动作，挺腰板部分保持初始位置，脊柱运动机构以及下肢运动机构联动，实现上身与下肢的复合协同运动。腰椎后伸机构保持初始位置，上身部分三个步进电机以及下肢部分两个步进电机五轴联动，运动到指定位置后返回初始位置，实现上身以及下肢的协同复合运动。

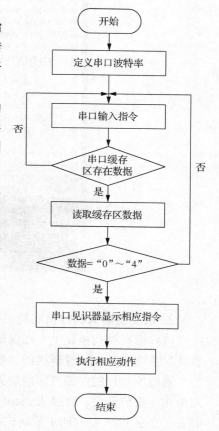

图 7-26 演示程序总体框架图

为实现通过串口通信进行腰部康复机器人的控制，波特率设置为 9600bit/s。在进行串口通信控制实现腰部康复机器人的演示动作时，定义五组动作如下。

① Reset——整机复位动作，定义串口输入为 0。

② Each motion of steppers——各部分步进电机运动动作，定义串口输入为 1。

③ Motion of spinal part——脊柱部分综合运动动作，定义串口输入为 2。

④ Back-extending motion of spinal part——腰椎后伸运动动作，定义串口输入为 3。

⑤ Compound motion——复合运动动作，定义串口输入为 4。

在串口监视器中输入相应动作指令，并且在串口监视器中显示所执行的动作名称，控制 Arduino 执行相应动作程序，实现样机的演示动作。串口通信控制的具体流程图如图 7-27 所示。

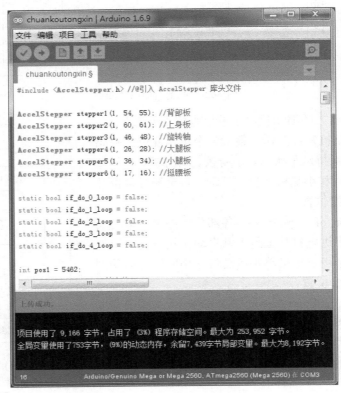

图 7-27　Arduino 操作界面

2. 康复机器人的样机实验

该样机在结构搭建上，在保证所设计的运动范围不变的前提下，按 1:5 的缩小比例将原设计尺寸缩小作为原理样机的主要尺寸。其机架以及主体结构件均采用 3D 打印的方式进行。

通过所设计的结构打印组装完成的实验样机如图 7-28(a) 所示，其上布有六路步进电机、六个光电限位开关，通过 Arduino Mega2560、装有五个 A4988 的 RAMPS1.4 驱动扩展板以及装有一个 A4988 的 ZUM 驱动扩展板，从而控制驱动相应步进电机实现整机各个运动机构的运动要求。

脊柱运动机构主要是实现人体脊柱部分三个自由度，包括脊柱屈伸、侧弯和扭转。图 7-28(b) 所示为康复机器人的脊柱运动机构的三轴联动，同时完成脊柱部分三个自由度。图 7-28(c) 所示为下肢配合运动时的腰椎后伸运动。图 7-28(d) 所示为脊柱运动机构与下肢运动机构相配合完成的复合协同运动。

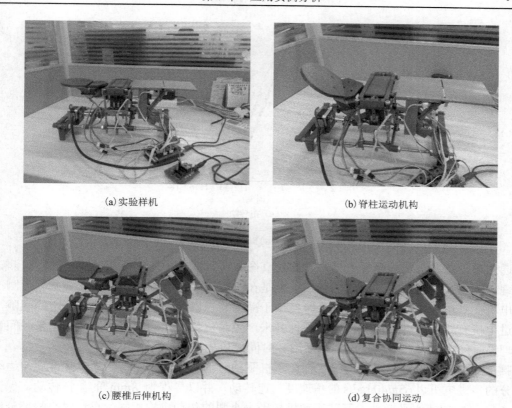

(a)实验样机　　　　(b)脊柱运动机构

(c)腰椎后伸机构　　　　(d)复合协同运动

图 7-28　康复机器人样机与实验

　　实验测试时，腰部康复机器人保持水平状态，如图 7-28(a)所示。针对各个单轴运动进行位移实验测试，测量出各轴在规定运动要求下其转动角度或上升位移，并将其与理论运动曲线相对比。

　　脊柱运动机构在驱动时采用加速度为 π/36 rad/s² 的匀加减速运动，其中上身板最大速度为 π/12 rad/s，背部板最大速度为 π/18 rad/s，扭转轴最大速度为 π/18 rad/s。各个关节的运动角度按照表 7-3 中所规定的角度变化范围设定。测试数据与理论仿真的对比如图 7-29 所示。

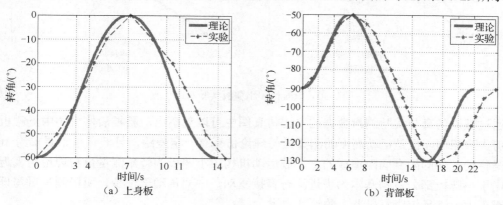

(a)上身板　　　　(b)背部板

图 7-29　脊柱运动机构对比仿真

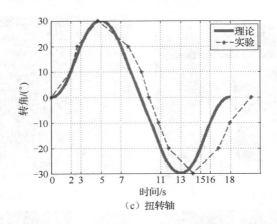

（c）扭转轴

图 7-29　脊柱运动机构对比仿真(续)

通过理论仿真与实验测量数据的对比仿真图中可以观察出，脊柱运动机构的实验测试数据与理论的仿真的运动位移范围相一致，但是在时间变量上有一定差距，主要是因为测试的步进电机在到达极限位置后反向运动时，由于减速装置以及传动件配合间有一定的间隙，使得步进电机有一段空行程而相应执行部件并未产生角位移，相同角位移处实际测量时间量滞后于理论时间，并且在多次反向运动后滞后时间量累加。

腰椎后伸运动机构与下肢运动机构在电机驱动时均采用匀速运动，其中腰椎后伸运动机构部分的步进电机以 $63\pi/40$ rad/s 的角速度匀速转动，并以导程为 8mm 的丝杆传动，保证螺套以 6.3mm/s 匀速水平运动。下肢运动机构因大小腿的传动机构相同，只针对小腿部分进行测量。小腿部分步进滑台以 3.4mm/s 匀速运动。测试数据与理论仿真的对比如图 7-30 所示。

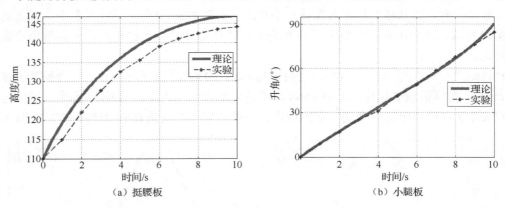

（a）挺腰板　　　　　　　　　　　　　（b）小腿板

图 7-30　挺腰板和小腿板实验对比仿真

通过理论仿真与实验测量数据的对比仿真图中可以观察出，腰椎后伸机构中挺腰板的运动趋势大致相同，但是运动高度的测量量与理论仿真有一定差距，且低于理论要求约 3mm。主要是传动部件的配合间隙造成的。下肢运动机构中小腿板的转角测量量与理论仿真近似相同。由于小腿板部分机构基本为步进滑台直接驱动，中间传动部件少，所以测量量与理论要求差距不大，满足该康复机器人的设计要求。

7.3 叶轮数字化加工仿真分析与实验

叶轮是发动机的核心零件,然而作为一种难加工的薄壁复杂零件,其易变形的特点以及高的加工质量要求给其加工带来了许多困难。

车铣是一种新型先进的切削技术,将车削和铣削两种传统的加工方法结合起来实现复杂薄壁曲面零件的加工,具有更高的加工效率,并且可以得到较高的表面质量和较低的切削力,明显地减小刀具的磨损,提高刀具的寿命。目前,车铣技术已经广泛应用于叶轮的高精度加工。

7.3.1 案例分析思路

本节研究的叶轮属于叶片和轮盘为统一整体的整体式叶轮。其主要几何模块包括回转体轮盘、大叶片及小叶片,叶片间的几何空间又形成了流道。首先在三维 CAD 软件中建立叶轮的几何模型,之后在 CAM 软件中对叶轮几何体的加工过程进行仿真计算,建立切削加工系统、划分加工工序、计算刀轨路径以及初步模拟加工过程。接着在模拟软件中模拟加工中各个切削系统的工作状态,并进行适当的优化调整。最后在机床上实际切削加工。

本案例分析流程如图 7-31 所示。

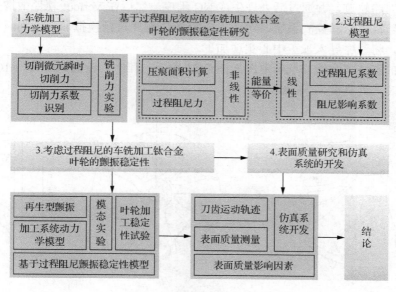

图 7-31 本案例的分析流程

7.3.2 案例分析流程

1. 叶轮的加工原理

整体式叶轮主要分为包含分流叶片整体式叶轮和不包含分流叶片整体式叶轮,如图 7-32 所示。由于叶轮中的叶片是自由曲面,为了保证加工效率和加工精度,通常在五轴加工中心完成,而且主要采用的刀具是球头铣刀,主要运动符合车铣加工的基本运动。整个过程分为多个工序,包括流道的开粗、叶片精加工以及流道精加工等。

(a)不包含分流叶片

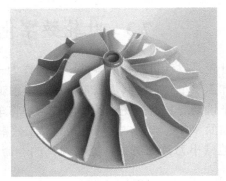
(b)包含分流叶片

图 7-32　整体式叶轮

2. 叶轮的建模、模拟和加工过程

整体式叶轮的加工过程是在立式镗铣加工中心进行的，该加工中心属于四轴联动数控机床，包括 X、Y、Z 和 A 轴。由于车铣加工过程的颤振稳定性实验是在叶轮加工的过程中进行的，所以在实验之前，需要设计整体式叶轮的模型，加工刀具路线以及模拟加工等，从而确保叶轮的加工能顺利进行。运用 UG 软件的建模模块对叶轮进行设计和建模，接着利用数控加工模块形成刀路轨迹，并通过后处理生成 NC 程序。然后在 Vericut 软件中搭建与实验室加工中心匹配的数控机床和控制系统，对所生成的 NC 程序进行模拟加工，判断没有碰撞和过切现象发生后，将程序导入加工中心实现加工。

本书设计的整体式叶轮二维示意图如图 7-33 所示，其中，轮盘的直径为 160 mm，共包含八个叶片，叶片的高度为 55mm。

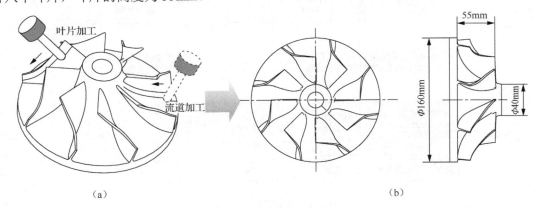

图 7-33　叶轮的加工过程及整体式叶轮的二维示意图

在 UG 建模模块中，首先绘制叶轮轮盘，然后通过旋转实体建模形成轮盘的模型，叶片的建模是由一系列的点坐标形成的，在轮盘上通过点坐标生成一个叶片，最后通过阵列特征完成其余叶片的实体模型。整体式叶轮的三维模型和毛坯模型如图 7-34 所示。

在建立好整体式叶轮的几何模型之后，利用 UG 中的加工模块对叶轮进行刀路轨迹生成。叶轮的加工过程主要包括三个工序，分别为流道开粗、叶片精加工和流道精加工。下面分别对每个工序的刀路轨迹生成方法进行简单的介绍。

(a) 叶轮模型　　　　　　　　　　　(b) 毛坯模型

图 7-34　叶轮和毛坯的三维模型

　　流道开粗是指在毛坯上对流道的位置进行大量的去除材料。通过在叶轮模型中添加一些必要的辅助面，在 UG 加工模块中使用可变轮廓铣的方法生成刀路轨迹，本工序使用的铣刀是直径为 10mm 的整体式平头铣刀。叶片精加工主要是对叶片进行精加工处理，确保其表面质量和加工精度，由于叶片为自由曲面，并且具有薄壁的特征，所以颤振现象更容易发生。因此本书的研究和实验主要是针对本工序的加工过程进行的。本工序使用直径为 8mm 的整体式球头铣刀进行半精加工，使用直径为 6mm 的整体式球头铣刀进行精加工。流道精加工是最后一道工序，是对流道的底面进行精加工。本工序使用的铣刀与上工序相同。图 7-35 为三个工序生成的刀路轨迹和刀路轨迹可视化的过程。

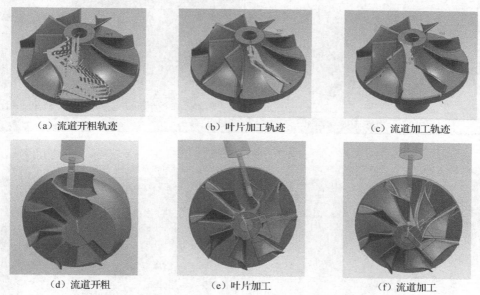

（a）流道开粗轨迹　　　　　（b）叶片加工轨迹　　　　　（c）流道加工轨迹

（d）流道开粗　　　　　　　（e）叶片加工　　　　　　　（f）流道加工

图 7-35　整体式叶轮的加工刀路轨迹

　　在生成刀路轨迹之后，利用 UG 后处理将刀路轨迹生成数控（NC）程序。为了确保程序的准确无误，避免在加工过程中出现过切或撞刀的情况，需要对程序进行模拟。对数控程序的模拟加工是在 Vericut 软件中进行的。

　　在 Vericut 软件中，搭建与实验室加工中心类似的数控机床，数控系统选择的是 FANUC series Oi-MB，将毛坯和 NC 程序分别导入软件中，设置其加工坐标系之后，进行叶轮的模拟加工。图 7-36 为模拟加工过程，且在叶轮模拟加工过程中，需检查是否发生碰撞和过切现象，确认无误后，经过程序优化，就可以将 NC 程序导入数控加工中心进行叶轮的加工。

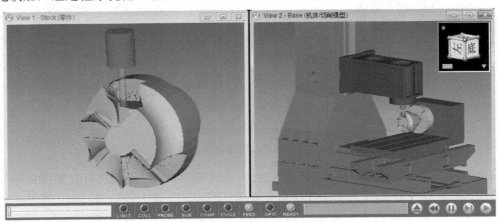

(a) 流道开粗模拟加工

(b) 叶片精加工模拟加工

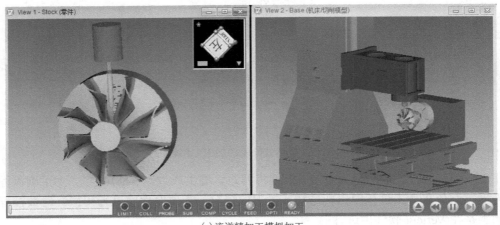

(c) 流道精加工模拟加工

图 7-36 叶轮模拟加工过程

7.3.3 案例分析结果

为了进一步验证预测结果在实际加工中的准确程度，通过叶轮的实际加工进行验证。其中图 7-37 所示是整体式叶轮在实际加工过程中的几个主要步骤，包括流道开粗、叶片加工以及流道加工。

(a)流道开粗　　　　　　　　(b)叶片加工　　　　　　　　(c)流道加工

图 7-37　整体式叶轮的加工刀路轨迹

其中只有粗加工过程进行流道开粗，而在半精加工、精加工过程中只进行叶片加工与流道加工，其精加工过程如图 7-38 所示。

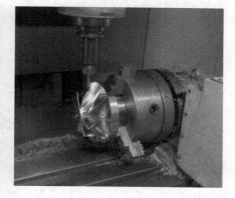

图 7-38　叶片精加工

除此之外，在叶轮叶片加工过程中，分别按照选取的六个验证点所对应的主轴转速和轴向切深为切削参数，在数控程序中通过改变轴向切深和主轴转速进行叶片的加工。在按照设定的值完成加工后，通过检测叶轮叶片的表面质量判断加工效果。

分别对 A、B、C、D 四个点进行了表面质量的检测，结果如图 7-39 所示。从图中可以发现，A 点的表面质量良好，属于正常刀具纹路，没有产生振纹，说明其加工过程是稳定的。B 点的表面质量相对于 A 点较差，是刀具纹路和轻微的颤振相互交错形成的表面质量。而 C 点和 D 点的表面质量极差，有明显的振纹产生，可以说明在加工过程中，以 C 点和 D 点所对应的主轴转速和轴向切深进行加工发生了严重的颤振现象，导致叶轮表面质量很差。通过表面质量的检测结果发现，实验验证和时域仿真验证的结果一致，均符合预测的结果。可以说明本书通过考虑过程阻尼效应建立的颤振稳定性预测模型，与未考虑过程阻尼的预测模型相比较，提高了模型的准确性。

在考虑过程阻尼的基础上，建立再生型颤振的预测模型。并对模型进行仿真分析，通过时域仿真和叶轮加工实验同时验证预测模型的准确性，为之后的加工提供了帮助。

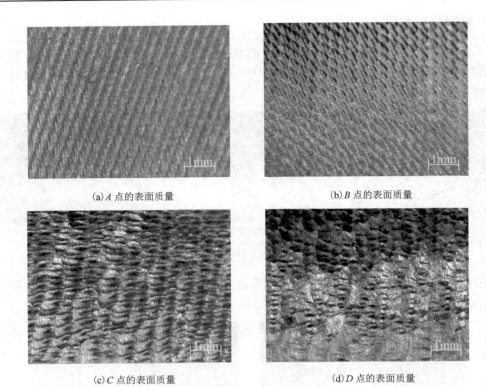

(a) A 点的表面质量　　　　　　　　　　(b) B 点的表面质量

(c) C 点的表面质量　　　　　　　　　　(d) D 点的表面质量

图 7-39　验证点的表面质量

7.4　总装站位数字化装配分析实例

7.4.1　案例研究目标

　　针对某飞机大部件装配工艺过程仿真,以飞机机体三维模型和装配工装模型为输入,在充分了解各大部件装配工艺的基础上,运用 CATIA/DELMIA 等建模仿真软件,完成 A/B/C 装配站位大部件对接装配工艺仿真,包括各机身段对接、中央翼与机身对接、起落架与整流罩安装、左右外翼对接、尾翼对接、发动机安装、APU 安装等多个关键工艺过程仿真。其中,A 站位是外翼与中央翼预对接站位,主要工作包括左/右外翼与中央翼对接,襟/副翼装配,发动机支架装配,发动机短舱后段装配。B 站位主要工作包括前机身、中机身、中后机身对接,中央翼与机体对接,主起落架与主起落架整流罩装配,前起落架装配。C 站位的主要工作包括左右外翼装配,尾翼装配,发动机、APU 及其他系统件装配。最后,以装配工艺仿真过程为基础,完成人机功效仿真与分析、干涉检测与碰撞分析等内容。其中,装配动作定义相关的参数(如速度、时间、路径等)尽可能符合实际工况;仿真视点创建以具有良好的可视性为准则,不同视点间的切换尽可能平滑。针对装配过程中的人机工效分析,要求对计算和仿真过程进行测量、分析,包括装配操作空间分析、装配干涉性分析、干涉危险点辨识、工具可达性分析、人体操作舒适度评估、人体操作安全性分析等内容,人体姿态定义尽可能符合实际操作过程。

　　案例中的数字化装配体现为：①飞机大部件装配工艺过程仿真，包括 A/B/C 总装站位的大部件对接装配工艺仿真、对接过程人机功效仿真与分析、对接过程的干涉检测与碰撞分析等内容；②飞机总装生产线三维工艺布局，主要有总装生产线三维布局及物流仿真、总装生产线装配节拍与产能分析、大部件装配顺序与路径规划、厂房工艺布局及物流仿真结果的反馈和优化建议等。具体地，针对某飞机总装生产线三维工艺布局，以厂房、工装、机体三维模型为输入，依据总装生产线的真实情况，对生产线上所有工装、机体模型以及各站位布局进行分析、规划，并完成总装生产线的物流仿真，最后以总装生产线的物流仿真为基础，分析总装生产线装配节拍与产能，对生产线工艺布局提出优化建议。

7.4.2　案例分析思路

　　B 站位的工作内容为对飞机进行主体大部件对接，其中主要包括机头、中机身、后机身的对接，主起整流罩安装，中央翼与机身铰孔对接，前起落架、左右主起落架的安装。B 站位为大部件对接站位，其主要涉及的产品有前机身段、中机身段、中后机身—后机身段、中央翼、左右主起落架、主起落架整流罩、前起落架等，主要工装资源包括 B 站位对合工作平台、柔性支撑定位器、前机身拖车、中机身拖车、中后机身—后机身拖车、起落架安装车、主起整流罩安装车及其他产品吊挂、工具等。此站位装配仿真以站位产品、资源模型为输入，依据实际装配工艺流程，以仿真实际工作情形、发现装配问题、优化装配工艺为目的。其具体装配工艺流程为：各机身段自放置区机身拖车上吊运至站位相应柔性支撑定位器上，经激光跟踪仪测量并调整位姿后实施对接；中央翼自机翼对合协调台上吊运至 B 站位相应柔性支撑定位器上，测量调姿后与机身对接；主起落架与主起落架整流罩交互装配；前起落架装配。装配工艺流程如图 7-40 所示。

　　在 DELMIA 环境下三维模拟各大部件的装配连接过程，其主要包括规划产品装配序列及路径、检验装配过程是否存在干涉以及检验装配过程的可达性和可操作性。根据仿真结果反映各大部件在对接过程中的安装过程，验证工艺安装顺序路线的可行性，并根据碰撞干涉检查结果发现可能存在的工装与机体干涉、工装与工装干涉、可活动工装与机体的距离小于安全距离等问题。

　　基于 DELMIA 具体仿真的操作过程为：①将产品模型、资源模型导入 CATIA/DELMIA，依次完成模型完备性检查、模型轻量化处理、模型规范化处理、模型可视化处理、模型布局优化；②对模型进行静态干涉性检查，对存在干涉的进行调整；③根据主要零组件的装配顺序及安装要求，规划装配仿真 Process 节点，并针对每个 Process，逐步完成装配路径规划、装配动作创建、提示文本创建、隐藏/显示创建、仿真视点创建等仿真建模工作；④在仿真建模基础上，对运动中的零组件、工装、工具等进行干涉检查、工具可达性分析、操作空间分析，并针对发现的问题进行仿真优化。装配过程仿真与分析工作流程如图 7-41 所示。

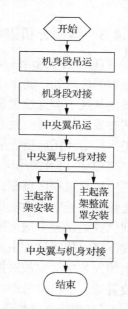

图 7-40　装配工艺流程图

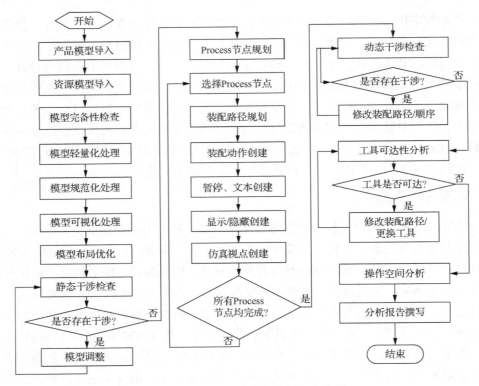

图 7-41　装配过程仿真与分析工作流程

7.4.3　案例分析流程

（1）工作前准备：将 B 站位所需工作台、各机身段支撑定位器都安放在 B 站位地标图所规划的位置处，其中中机身对合区的工作台处的护栏栏杆翻下，左右两侧的翻板均由压力装置使其处于竖直放置状态。最初用机头拖车将机头由工作厂房外托运到厂房内并按照设计工艺布置图的布置安放在其位置处，再分别将中机身、中后机身—后机身分别用其对应拖车由工作厂房外托运至厂房车间内的理论位置处。各调运装置吊挂等放置在吊具放置区。

（2）中机身的吊运：用两台天车分别移动到吊挂放置区将吊挂吊起，缓慢由初始位置移动到中机身缓存区调整好两天车的间距，将吊挂下落到合适高度，将中机身吊挂与中机身接头连接好，天车将中机身吊挂与中机身机体整体缓慢吊起到合适高度后，吊挂头移动到塔吊中间位置处，天车向前运行平移动到中机身对接中机身支撑定位器预订位置处上方。将吊挂高度下降，降落过程中调整天车的前后移动距离，适当调节支撑定位器的位置，将中机身机体上的安装接头安放对接在定位器上，将吊挂与中机身接头脱离，天车将吊挂一起移动到其他位置处。中机身吊运好的状态。

（3）中机身的位姿调姿：调整中机身支撑定位器的立柱上下高度，移动中机身的前后位置，调整并固定好中机身的位置状态，准备好下一阶段机头的吊运，调整好的位姿见图 7-42。

（4）机头的吊运和调姿：用两台天车分别移动到吊挂放置区将吊挂吊起，缓慢由初始位置移动到机头缓存区调整好两台天车的间距，将吊挂下落到合适高度，将机头吊挂与机头接头连接好后，天车将机头吊挂与机头整体缓慢吊起到合适高度，吊挂头移动到塔吊中间位置处，天车移动至 B 站位预定位置处上方，并保证机头与中机身的对接面水平间隔 40cm，机头支撑定位器在理论位置处前移 40cm，以保证机头下落过程中不与中机身发生碰撞。将吊挂高度缓慢下降，降落过程中调整天车的前后移动距离，适当调节支撑定位器的位置，将机头上的安装接头安放对接在定位器上后，将吊挂与机头接头脱离，天车将吊挂一起移动到其他位置处。

图 7-42　中机身位姿调姿

（5）完成吊运后，将支撑立柱中的两个立柱与机身一起上下高度移动调整，再返回到初始位置高度，以模拟机头的上下位置调整过程。机头上下位置调整固定后，将机头与支撑定位器一起沿中机身方向移动 40cm，实现机头与中机身的预对接贴合，整个过程模拟机头的位姿调整过程（图 7-43）。

图 7-43　机头的吊运、调姿模拟

（6）中后机身—后机身的吊运和调姿：用两台天车分别移动到吊挂放置区将吊挂吊起，缓慢由初始位置移动到中后机身—后机身缓存区调整好两台天车的间距，将吊挂下落到合适高度，将中后机身—后机身吊挂与中后机身—后机身接头连接好，天车将中后机身—后机身吊挂与中后机身—后机身整体缓慢吊起到合适高度，吊挂头移动到塔吊中间位置处，天车移动至 B 站位预定位置处上方，并保证中后机身—后机身与中机身的对接面水平间隔，中后机身—后机身支撑定位器在理论位置处后移，以保证中后机身—后机身下落过程中不与中机身发生碰撞。将吊挂高度缓慢下降，降落过程中调整天车的前后移动距离，适当调节支撑定位器的位置，将中后机身—后机身上的安装接头安放对接在定位器上，将吊挂与中后机身—后机身接头脱离，天车将吊挂一起移动到其他位置处(图7-44)。

图7-44　中后机身—后机身的吊运和调姿

(7)完成吊运后，将支撑立柱中的两个立柱与机身一起上下高度移动调整，再返回到初始位置高度，以模拟中后机身—后机身的上下位置调整过程。中后机身—后机身上下位置调整固定，将中后机身—后机身与支撑定位器一起沿中机身方向移动，实现中后机身—后机身与中机身的预对接贴合。

(8)中机身、前机身、中后机身的位置测量(图7-45)：各机体段对接连接前，为保证各对接部件的实际坐标位置处于理论位置，需要对各对接部件坐标位置进行多次测量。为保证测量工作的顺利进行，在各大部件吊运前都已经将测量接头安装在大部件需要测量的位置。用激光跟踪仪环绕机体一圈，对所有测量接头进行位置测量，对不符合位置要求，或与理论位置有偏差的地方进行实时调整。一台激光跟踪仪需要对多个测量位置进行测量，需要多次转站，激光跟踪仪的安放位置按照测量地标图所设计的位置进行准确安放，机身段左侧需要测量的站位如图7-45(a)所示。用激光线显示隐藏的方式模拟实际的测量过程，其中机头左侧后段的测量过程如图7-45(b)所示。整个测量过程结束后，对需要调整的部件坐标位置进行调整，位置坐标调整结束后，撤离激光跟踪仪，准备下一阶段的机身段连接工作。

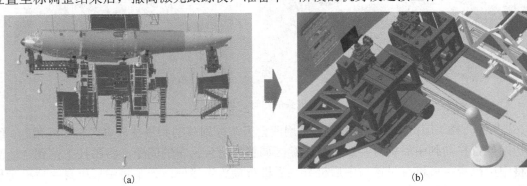

(a)　　　　　　　　　　　　　　　　　　(b)

图7-45　中机身、前机身、中后机身的位置测量

　　(9)机头与中机身的对接：机头对接处两侧工作梯对合，准备机头与中机身对接处的过渡蒙皮的安装，将过渡蒙皮预安装对合后，进行连接处的制孔工作，制孔工作结束后，将过渡蒙皮拆除，两侧工作梯撤离，将机头用支撑定位器将其前移 40cm，中机身位置坐标不变。进行清理碎屑、去毛刺、涂胶等工作，以上工作完成后，将机头用支撑定位器后移 40cm，实现机头与中机身的再次对合。将两侧工作梯对合，把对接导向块全部安装到位置后，将过渡蒙皮再次安装对合，利用铆枪等工具在已经制好孔的位置处进行铆接工作。铆接工作完成后即完成机头与中机身的对接工作。

　　(10)中后机身—后机身与中机身的对接(图 7-46)：中后机身对接处两侧工作梯对合，准备中后机身与中机身对接处的过渡蒙皮的安装，将过渡蒙皮预安装对合后，撤离一侧工作梯，在过渡蒙皮位置较低处，人机进行连接处的制孔工作。在过渡蒙皮位置较高处，人借助对合的工作梯进行制孔工作，工作状态如图 7-46(a)所示。在制孔工作结束后，将过渡蒙皮拆除，两侧工作梯撤离，将中后机身—后机身用支撑定位器后移，中机身位置坐标不变。进行清理碎屑、去毛刺、涂胶等工作，以上工作完成后，将中后机身—后机身用支撑定位器前移，实现中后机身—后机身与中机身的再次对合。将两侧工作梯对合，把对接导向块全部安装到位置，将过渡蒙皮再次安装对合，利用铆枪等工具，人机在已经制好孔的位置处进行铆接工作。在过渡蒙皮位置较低处，人机进行连接处的铆接工作。在过渡蒙皮位置较高处，人借助对合的工作梯进行铆接工作。

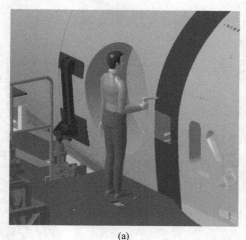
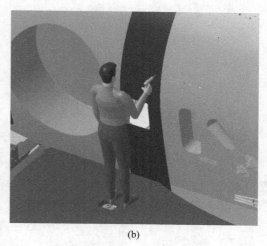

(a)　　　　　　　　　　　　　　　　　　　　　　　　(b)

图 7-46　中后机身—后机身与中机身对接的人机工效仿真

　　(11)机身对接后的测量(图 7-47)：各机体段对接完成，为保证各对接部件的实际坐标位置处于理论位置，并进行下一阶段的部件对接工作，需要对各对接部件坐标位置进行再次测量。用激光跟踪仪环绕机体一圈，对所有测量接头进行位置测量，对不符合位置要求，或与理论位置有偏差的地方进行实时调整。一台激光跟踪仪需要对多个测量位置进行测量，需要多次转站，激光跟踪仪按照测量地标图所设计的位置进行准确安放。用激光线显示隐藏的方式模拟实际的测量过程。整个测量过程结束后，对需要调整的部件坐标位置进行调整，位置坐标调整结束后，撤离激光跟踪仪，准备下一阶段的中央翼连接工作。

图 7-47　机身对接后的测量

（12）中央翼的吊运：中央翼自机翼对合协调台起吊，至 B 站位与中央翼柔性定位器通过支撑工艺接头连接、定位。中央翼与柔性定位器连接后，经激光跟踪仪测量并调整中央翼的位姿，随后完成中央翼与机身的对接、制孔（图 7-48）。

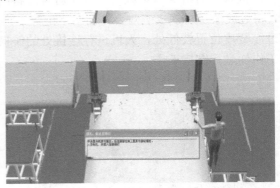

图 7-48　中央翼与机身的对接

（13）主起落架与主起落架整流罩交互安装：先进行主起落架整流罩预装配，制孔后拆下整流罩进行清理工作，再装上整流罩前罩体和下罩体，然后装配用主起落架安装车装配主起落架，最后装上整流罩其他部分（图 7-49）。

图 7-49　主起落架与主起落架整流罩交互装配

（14）前起落架安装：前起落架自放置区由前起落架安装车运至安装处，吊起、安装（图 7-50）。

图 7-50 前起落架的安装

7.4.4 案例分析结果

经过反复仿真发现，部分仿真过程存在工装与机体的距离小于安全距离，以及存在部分干涉等问题。具体问题及建议如下。

(1) 前机身段与工作台理论位置间距小于安全距离。若工作台制造的公差过大，当工作台对合后容易直接与机体发生碰撞。建议将工作台台面尺寸长度改小，使其工作台完全对合后，两侧与机体距离保证在 100mm 以上，防止因工作台非正常工作下的移动而与机体发生碰撞。

(2) 前机身上部的测量接头与对合状态的工作梯有干涉，左右侧同一位置处有同样大的干涉量。鉴于两个工作梯对合后两者之间有相互连接固定作用，建议其间距保持不变，不方便采取将两侧工作梯分别撤离部分尺寸的方法来避免干涉。可以考虑在两侧工作梯发生干涉的工作平面上，在保证强度符合要求的情况下，设置尽可能较大尺寸的 U 形缺口，使两侧测量接头有预留空间，即可避免以上干涉问题。

(3) 机身左、右两侧与平放状态下的翻板有干涉，在此情况下，翻板将不能按照预定方案进行水平翻起，将不能用于支撑平面，工作人员不能站在其表面上进行过渡蒙皮的安装、制孔、铆接等工作。另外过渡蒙皮下部与平台间距过小，不便于过渡蒙皮的安装操作。建议在干涉位置处预留 U 形缺口，使测量接头位置处有预留空间，即可避免以上干涉问题，如图 7-51 所示。

干涉位置

图 7-51 干涉位置检查及改进措施

(4) 中机身左、右两侧上部测量接头与对合状态下的工作梯有干涉，不能按照设计方案将两侧工作梯对合并且相互连接固定，将影响该处过渡蒙皮上部分的安装、制孔、铆接等工作。建议在干涉位置处预留 U 形缺口，使测量接头位置处有预留空间。

(5) 后机身左侧与测量接头干涉，会影响工作台的正常对合。建议在干涉位置处预留 U 形缺口，使测量接头位置处有预留空间。

(6) 主起落架安装车与工作平台在安装过程中发生明显干涉，主起落架无法安装。如

图 7-52 所示，安装车在装配主起落架时会与 B 站位工作台翻板发生干涉，主起落架无法安装。起落架与整流罩下部罩体间距过小，易发生碰撞。此外，主起落架安装车撤除过程中与中后机身机体、工作平台翻板之间间距过小，易发生碰撞。

图 7-52　主起落架安装干涉检查

对 B 站位工作平台的翻板长度作修改，翻板在翼展方向的长度增加 200mm，如图 7-53 所示。用修改后的 B 站位工作平台再次进行仿真，发现主起落架安装过程无干涉，无碰撞，且有足够的安全距离。最终各零部件的状态基本满足实际操作需求，能够使主起落架顺利装配。

图 7-53　主起落架安装修改后的模型

综上所述，通过对某飞机 B 装配站位设计工作内容，应用基于 DELMIA 的数字化三维装配过程模拟以及人机功效仿真，规划产品装配序列及路径、检验装配过程是否存在干涉以及检验装配过程的可达性和可操作性等内容。根据仿真结果反映出各个大部件在对接过程中的安装过程，验证了工艺安装顺序路线的可行性，并根据碰撞干涉检查结果发现了存在的工装与机体干涉、工装与工装干涉、可活动工装与机体的距离小于安全距离等问题。通过仿真发现该站位存在七处设计不合理或安装过程中存在严重干涉的情况，具体如下。

（1）前机身段与工作台理论位置间隔间距太小，经测量发现最小距离小于安全距离。

（2）前机身上部的测量接头与对合状态的工作梯有干涉，左侧右侧同一位置处有同样大的干涉量。

（3）中机身左右侧均与平放状态下的翻板有干涉。在此情况下，翻板将不能按照预定方案进行水平翻起，将不能用于支撑平面，工作人员不能站在其表面上进行过渡蒙皮的安装、制孔、铆接等工作。

（4）中机身左右侧上部测量接头与对合状态下的工作梯有干涉，将不能按照设计方案将两侧工作梯对合并且相互连接固定，将影响该处过渡蒙皮上部分的安装、制孔、铆接等工作。

（5）后机身左右侧测量接头与工作平台干涉，会影响工作台的正常对合。

（6）工作平台与中机身前段机身左右接头有干涉。

（7）主起落架安装车与工作平台在安装过程中发生明显干涉，主起落架无法安装，经过多次迭代修改起落架安装车以及工作平台，最后达到安装设计要求。

在飞机机体各大部件未进入总装车间进行对接前提前发现了以上问题，并提出反馈，给出了优化建议，设计工艺部门针对发现的问题及时对工装进行了修改优化，避免了在实际装配过程中，发生因工装干涉等使工装重新设计制造、飞机无法按照预定计划进行装配的情况。通过 B 站位仿真过程提前发现了以上问题，大大避免了工装重复制造、总装过程中停工等现象，有效避免资金、人力和时间的浪费，基本完成了项目预定目标。

参 考 文 献

[1] 张德海. 三维数字化建模与逆向工程[M]. 北京: 北京大学出版社, 2016.

[2] 苏春. 数字化设计与制造[M]. 北京: 机械工业出版社, 2009.

[3] COONS S A. An outline of the requirements for a computer-aided design system[C]. Proceeding of the Spring Joint Computer Conference, 1963: 72-76.

[4] 汪惠芬. 数字化设计与制造技术[M]. 哈尔滨: 哈尔滨工程大学出版社, 2015.

[5] ZHU L, LI H, LIANG W, et al. A web-based virtual CNC turn-milling system [J]. International Journal of Advanced Manufacturing Technology, 2015, 78(1-4): 99-113.

[6] SALZMAN R M. The evolution from CAD/CAM to CIM: possibilities, problems and strategies for the future[J]. Computers and Graphics, 1985, 9(4): 435-439.

[7] BANDYOPADHYAY A, HEER B. Additive manufacturing of multi-material structures[J]. Materials Science and Engineering R Reports, 2018, 129: 1-16.

[8] 杨建宇, 朱立达, 李虎, 等. 产品原型虚拟装配系统结构及技术[J]. 东北大学学报(自然科学版), 2008, 29(12): 1766-1769.

[9] 张高美, 董兵兵. 虚拟设计技术在产品三维造型设计中的应用研究[J]. 工业设计, 2018(4): 102-103.

[10] 周丹. 数控加工技术[M]. 北京: 机械工业出版社, 2018.

[11] 谢成祥, 张燕红. 自动控制原理[M]. 南京: 东南大学出版社, 2018.

[12] WIENER N. Cybernetics: or control and communication in the animal and the machine[M]. The Technology Press, 1961.

[13] 石海彬. 现代控制理论基础[M]. 北京: 清华大学出版社, 2018.

[14] KALMAN R E. On the general theory of control systems[J]. IRE Transactions on Automatic Control, 1960, 4(3): 110-111.

[15] 付宜利. 机电产品数字化装配技术[M]. 哈尔滨: 哈尔滨工业大学出版社, 2012.

[16] 王利, 黎志勇. 3D 打印技术在机械产品数字化设计与制造中的应用[J]. 内燃机与配件, 2018(20): 215-216.

[17] 常智勇. 计算机辅助几何造型技术[M]. 3 版. 北京: 科学出版社, 2013.

[18] 戈德曼. 计算机图形学与几何造型导论[M]. 邓建松, 译. 北京: 清华大学出版社, 2011.

[19] 姜淑凤. 数字化设计与制造方法[M]. 哈尔滨: 哈尔滨工业大学出版社, 2018.

[20] 王星河, 曾奕晖. 数字化产品造型设计[M]. 上海: 上海交通大学出版社, 2019.

[21] 郑朔昉. 产品数字化设计与标准化[M]. 北京: 中国标准出版社, 国防工业出版社, 2018.

[22] 姜夏旺. 三维产品造型的数字化设计与制作[M]. 合肥: 合肥工业大学出版社, 2016.

[23] 陈爽. 三维实体设计与仿真: UG NX10.0 中高级教程[M]. 长沙: 中南大学出版社, 2019.

[24] 王江. 中文版 SolidWorks 2016 基础教程[M]. 北京: 北京大学出版社, 2019.

[25] 何援军. 图学计算基础[M]. 北京: 机械工业出版社, 2018.

[26] 谭建荣, 刘振宇. 数字样机关键技术与产品应用[M]. 北京: 机械工业出版社, 2007.

[27] 杨欣, 许述财. 数字样机建模与仿真[M]. 北京: 清华大学出版社, 2014.

[28] 郑耀, 解利军. 高端数字样机技术及应用[M]. 北京: 科学出版社, 2018.

[29] 宁汝新, 刘检华, 唐承统. 数字化制造中的建模和仿真技术[J]. 机械工程学报, 2007(7): 132-137.

[30] 吴宝贵, 黄洪钟, 张旭. 复杂机械产品虚拟样机多学科设计优化研究[J]. 计算机集成制造系统, 2006, 12(11): 1729-1736.

[31] 宁芊, 殷国富, 徐雷. 机电系统虚拟样机协同建模与仿真技术研究[J]. 中国机械工程, 2006, 17(13): 1404-1407.

[32] 万昌江, 谭建荣, 刘振宇. 面向虚拟样机的层次混合仿真建模研究[J]. 中国机械工程, 2005, 16(8): 706-711.

[33] 杨晓京, 刘剑雄. 基于虚拟样机技术的数控机床现代设计方法[J]. 机械设计, 2005(2): 16-18.

[34] 陈贵清, 杨晓京, 李浙昆, 等. 虚拟环境下数控机床建模与仿真[J]. 机电工程, 2004(10): 13-15.

[35] 朱立达. 车铣加工中心动态特性及其加工机理的仿真与实验研究[D]. 沈阳: 东北大学, 2010.

[36] 朱春霞, 朱立达. 并联机器人多柔性系统协同建模与动力学仿真[J]. 东北大学学报(自然科学版), 2008, 29(3): 366-370.

[37] ZAEH M, SIEDL D. A new method for simulation of machining performance by integrating finite element and multi-body simulation for machine tools[J]. Annals for the GIRP, 2007, 56(1): 383-386.

[38] ZHU C, KATUPTIYA J, WANG J. Effect of links deformation on motion accuracy of parallel manioulator based on flexible dynamics. Industrial Robet, 2017, 44(6): 776-787.

[39] 姚伟德. UG 软件在数控加工中的分析研究[J]. 现代制造技术与装备, 2016(2): 143,144.

[40] XIANYI L I, TONG S L, SHENG G, et al. Application of VERICUT in the experimental teaching of five axis NC machining[J]. Laboratory Science, 2016: 139-147.

[41] ALTINTAS Y, BRECHER C, WECK M, et al. Virtual machine tool[J]. CIRP Annals, 2005, 54(2): 115-138.

[42] 张雪薇, 于天彪, 王宛山. 薄壁零件铣削三维颤振稳定性建模与分析[J]. 东北大学学报(自然科学版), 2015, 36(1): 99-103.

[43] ALTINTAS Y. Manufacturing automation: metal cutting mechanics, machine tool vibrations, and CNC design[J]. Industrial Robot, 2012, 31(1): B84.

[44] 朱立达, 王宛山. 车铣加工中心动态特性及加工机理[M]. 北京: 国防工业出版社, 2014.

[45] 何宁. 高速切削技术[M]. 上海: 上海科学技术出版社, 2012.

[46] 陈涛. 切削加工表面完整性的理论和方法[M]. 北京: 科学出版社, 2016.

[47] 胡仁喜, 康士廷. ANSYS 15.0 热力学有限元分析从入门到精通[M]. 北京: 机械工业出版社, 2016.

[48] ATKINSON J, HARTMANN J S, GLEESON P. Robotic drilling system for 737 Aileron[C]. SAE 2007 Aero Tech Congress and Exhibition, Los Angeles, CA, USA. SAE Technical Papers 2007-01-3821.

[49] SELVARAJ P, RADHAKRISHNAN P, ADITHAN M. An integrated approach to design for manufacturing and assembly based on reduction of product development time and cost[J]. The International Journal of Advanced Manufacturing Technology, 2009, 42(1): 13-29.

[50] JIN Y, CURRAN R, BUTTERFIELD J, et al. Intelligent assembly time analysis using a digital knowledge-based approach[C]. The Congress of Icas and Aiaa Atio, 2008: 506-522.

[51] 卢鹄, 于勇, 杨五兵, 等. 飞机单一产品数据源集成模型研究[J]. 航空学报, 2010, 31(4): 836-841.

[52] 许旭东, 陈嵩, 毕利文, 等. 飞机数字化装配技术[J]. 航空制造技术, 2008(14): 48-50.

[53] 刘楚辉. 飞机机身数字化对接装配中的翼身交点加工关键技术研究[D]. 杭州: 浙江大学, 2011.

[54] 唐健钧. 基于精度控制的飞机装配工艺设计与优化技术研究[D]. 西安: 西北工业大学, 2014.

[55] 佚名. 波音777启用移动装配线[J]. 航空维修与工程, 2007, (1): 61.

[56] TAN J R, LIU Z Y, ZHANG S Y. Intelligent assembly modeling based on semantics knowledge in virtual environment[C]. London: Proceedings of the International Conference on Computer Supported Cooperative Work in Design, 2001: 568-571.

[57] ALLEN J F. Maintaining knowledge about temporal intervals [J]. Communications of the ACM, 1984, 26(11): 832-843.

[58] HU K M, WANG B, YONG J H, et al. Relaxed lightweight assembly retrieval using vector space model [J]. Computer-Aided Design, 2013(45): 739-750.

[59] 韩峰, 乔立红, 胡佩伟. 基于工艺元信息的装配工艺过程设计[J]. 计算机集成制造系统, 2010, 16(12): 2545-2551.

[60] 邢帅, 刘伟强, 熊涛. 典型装配工艺模块化的应用研究[J]. 航天器环境工程, 2011, 28(6): 615-619.

[61] 安鲁陵, 金霞. 基于三维模型定义技术应用的思考[J]. 航空制造技术, 2011, 12: 45-47.

[62] QUINTANA V, RIVEST L, Pellerin R, et al. Re-engineering the engineering change management process for a drawing-less environment [J]. Computers in Industry, 2012, 63(1): 79-90.

[63] YIN Z P, DING H, LI H X, et al. A connector-based hierarchical approach to assembly sequence planning for mechanical assemblies[J]. CAD, 2003: 37-56.

[64] BENNETT S. History of automatic control to 1960: an overview[J]. IFAC Proceedings Volumes, 1996, 29(1): 3008-3013.

[65] 王朝晖. 机械控制工程基础[M]. 西安: 西安交通大学出版社, 2018.

[66] 葛正浩. ADAMS 2007 虚拟样机技术[M]. 北京: 化学工业出版社, 2010.

[67] 贾长治, 殷军辉, 薛文星, 等. MD ADAMS 虚拟样机从入门到精通[M]. 北京: 机械工业出版社, 2011.

[68] 政利霞. MATLAB/Simulink 机电一体化应用[M]. 北京: 机械工业出版社, 2012.

[69] 李献, 骆志伟. 精通 MATLAB/Simulink 系统仿真[M]. 北京: 清华大学出版社, 2015.

[70] ANGEL L, VIOLA J. Fractional order PID for tracking control of a parallel robotic manipulator type delta[J]. ISA Transactions, 2018, 79: 172-188.

[71] 韦正super. 基于 Adams 和 Matlab 的发射设备随动系统虚拟样机建模与联合仿真[J]. 现代机械, 2019(1): 66-69.

[72] 黄帅, 唐希雯, 谢海, 等. 基于 ADAMS 与 Simulink 的平衡重式叉车侧倾分级控制联合仿真[J]. 合肥工业大学学报(自然科学版), 2018, 41(9): 1166-1173.

[73] LEE J, KAO H A, YANG S. Service innovation and smart analytics for Industry 4.0 and big data environment[J], Procedia CIRP, 2014, 16: 3-8.